Jules Odjoubéré

Pression sur les ligneux de la forêt classée des Monts Kouffé au Bénin

AF209446

Jules Odjoubéré

Pression sur les ligneux de la forêt classée des Monts Kouffé au Bénin

Perception des populations et facteurs de pressions sur les ligneux de la forêt classée des Monts Kouffé au Bénin

Presses Académiques Francophones

Imprint

Any brand names and product names mentioned in this book are subject to trademark, brand or patent protection and are trademarks or registered trademarks of their respective holders. The use of brand names, product names, common names, trade names, product descriptions etc. even without a particular marking in this work is in no way to be construed to mean that such names may be regarded as unrestricted in respect of trademark and brand protection legislation and could thus be used by anyone.

Cover image: www.ingimage.com

Publisher:
Presses Académiques Francophones
is a trademark of
International Book Market Service Ltd., member of OmniScriptum Publishing Group
17 Meldrum Street, Beau Bassin 71504, Mauritius

Printed at: see last page
ISBN: 978-3-8416-3408-5

Zugl. / Agréé par: Abomey-Calavi,UAC,2014

SOMMAIRE

SOMMAIRE…………………………………………...…………………… 2

SIGLES ET ACRONYMES ………………………………………… 3
DÉDICACE……………………………………………………………… 4
REMERCIEMENTS………………………………………...…………… 5
RÉSUMÉ………………………………………………………………… 7
ABSTRACT……………………………………………...……………… 8
INTRODUCTION GÉNÉRALE…………………..…………………… 9
PREMIERE PARTIE : Cadre théorique, milieu d'étude et approche
méthodologique …………………………………………………… 13
CHAPITRE I : Cadre théorique …………………………………...… 14
CHAPITRE II : MILIEU D'ETUDE………………………………… 25
CHAPITRE III : APPROCHE MÉTHODOLOGIQUE……………… 34
DEUXIEME PARTIE : PRÉSENTATION DES RÉSULTATS ………… 59
CHAPITRE IV : FACTEURS DIRECTS DE PRESSION SUR LES
LIGNEUX DE LA SERIE DE PROTECTION DES MONTS
KOUFFE……... 60

CHAPITRE V : CARACTÉRISATION DE LA VÉGÉTATION ÉPARGNÉE
PAR SECTEUR DE LA SÉRIE DE PROTECTION ………………… 80
CHAPITRE VI : PERCEPTIONS DES GROUPES
SOCIOPROFESSIONNELS SUR LES DÉTERMINANTS DE LA
DÉGRADATION DES LIGNEUX……………………………………… 91
TROISIÈME PARTIE : APTITUDES DES STRUCTURES DE COGESTION
A L'EXÉCUTION DU PLAN D'AMÉNAGEMENT ET DISCUSSION DES
RÉSULTATS…………………………………………………………….. 108

CHAPITRE VII : APTITUDES DES STRUCTURES DE COGESTION A
L'EXÉCUTION DU PLAN D'AMÉNAGEMENT PARTICIPATIF…………. 109
CHAPITRE VIII : DISCUSSION DES RÉSULTATS ………………… 132
CONCLUSION GÉNÉRALE…………………………………………… 147
Références bibliographiques …………………………………………… 151
ANNEXES………………………………………....…………………… 167
Liste des planches ……………………………………………………… 187
Liste des photos ……………………………………...………………… 187
Liste des figures………………………………………………………… 189
Liste des tableaux ……………………………………………………… 190
Liste des encadrés……………………………………………………… 190
Table des matières……………………………………………………… 191

SIGLES ET ACRONYMES

ABE	:	Agence Béninoise pour l'Environnement
ANOVA	:	Analysis Of Variance
APAD	:	Association Euro-Africaine pour l'Anthropologie du Changement Social et du Développement
ASECNA	:	Agence pour la Sécurité de la Navigation Aérienne en Afrique et à Madagascar
CEGRN	:	Comité Communal de l'Environnement et de Gestion Durable des Ressources Naturelles
CeRPA	:	Centre Régional pour la Promotion Agricole
CMED	:	Commission Mondiale pour l'Environnement et le Développement
CRDRN	:	Coordination Régionale pour le Développement des Ressources Naturelles partagées
CVC	:	Confréries Villageoises des Chasseurs
CVDD	:	Comité Villageois pour le Développement Durable
CVAGRN		Comités Villageois de Suivi des Actions pilotes d'aménagement et de Gestion des Ressources Naturelles
DEA	:	Diplôme d'Etudes Approfondies
DGFRN	:	Direction Générale des Forêts et Ressources Naturelles
EPAC	:	Ecole Polytechnique d'Abomey-Calavi
F CFA	:	Franc de la Communauté Financière Africaine
FAO	:	Food and Agriculture Organization of the United Nations
FLASH	:	Faculté des Lettres, Arts et Sciences Humaines
FSA	:	Faculté des Sciences Agronomiques
GPS	:	Global Positioning System
IMPETUS	:	Approche Intégrée pour la Gestion Efficiente des ressources hydrique limitées en Afrique de l'Ouest et au Maroc
INRAB	:	Institut National des Recherches Agricoles du Bénin
INSAE	:	Institut National de la Statistique et de l'Analyse Economique
MEHU	:	Ministère de l'Environnement, de l'Habitat et de l'Urbanisme
MEPN	:	Ministère de l'Environnement et de la Protection de la Nature
ONAB	:	Office National du Bois
PAGeFCOM	:	Projet d'Appui à la Gestion des Forêts Communales
PBF II	:	Projet Bois de Feu phase II
PFN		Plan Forestier National
PGRN	:	Projet de Gestion des Ressources Naturelles
PNUD	:	Programme des Nations Unies pour le Développement
ProCGRN		Programme de Conservation et de Gestion des Ressources Naturelles

DÉDICACE

A
- ✓ mon feu père ODJOUBERE Kassin;
- ✓ ma mère ADJIMAN Lamatou;
- ✓ mon épouse ADJI Brigitte et mes enfants Wilson et Ange.

REMERCIEMENTS

A la fin de ce travail, mes remerciements vont à tous ceux et celles qui m'ont accepté et aidé, en particulier mon Directeur de thèse, Professeur Brice SINSIN, Recteur de l'Université d'Abomey-Calavi qui m'a donné le goût de la recherche scientifique. Pour ses qualités scientifiques exceptionnelles je lui exprime ma reconnaissance.

Ma reconnaissance et mes remerciements vont également à mon Co-directeur, Docteur Brice TENTE, Maître de Conférences des Universités/CAMES, Chef du Département de Géographie et Aménagement du Territoire qui a co-dirigé cette thèse. J'avoue que j'ai beaucoup appris de vous aussi bien dans le domaine de la recherche que dans le domaine de savoir vivre. Votre sens d'humilité, de sagesse et de partage ont été pour moi un modèle à suivre. Recevez ici mes sincères gratitudes.

Je remercie les Enseignants de l'Ecole Doctorale Pluridisciplinaire de la FLASH et ceux du Département de Géographie et Aménagement du Territoire pour la qualité de la formation. Mes pensées vont particulièrement vers le Professeur Michel BOKO, Directeur de l'Ecole Doctorale Pluridisciplinaire de la FLASH, le Docteur Cossi Jean HOUNDAGBA, le Docteur François C. H. TCHIBOZO, pour leur esprit de promotion des jeunes.

Je remercie les prérapporteurs de cette thèse à savoir : le Professeur Tanga Pierre ZOUNGRANA, du Laboratoire d'Etudes et de Recherche sur les Milieux et les Territoires (LERMIT) de l'Université de Ouagadougou, le Professeur Boubacar YAMBA, Directeur de l'Ecole Doctorale des Lettres, sciences de l'Homme et sciences Sociales de l'Université Abdou Moumouni de Niamey et le Docteur Julien DJEGO, Maître de Conférences des Universités/CAMES, enseignant à la Faculté des Sciences Agronomiques, Université d'Abomey-Calavi (Bénin), pour l'intérêt manifeste porté au sujet de la présente thèse.

Je remercie le Professeur Etienne DOMINGO de l'Université d'Abomey-Calavi, pour avoir accepté de présider cette soutenance de thèse.

Je remercie le Docteur Madjidou OUMOROU, Maître de Conférences des Universités/CAMES, le Docteur Moussa GIBIGAYE, Maître-Assistant à l'Université d'Abomey-Calavi, le Docteur Ansèque GOMEZ, Maître-Assistant à l'Université de Parakou, le Docteur Euloge OGOUWALE, Maître de Conférences des Universités/CAMES et Monsieur Henry ESSOUMAN pour leurs soutiens et conseils.

Mes remerciements vont également à l'endroit du Docteur Odile DOSSOU-GUEDEGBE, Docteur José GNENLE, Docteur Jean Bosco VODOUNOU, Docteur Vincent OREKAN, Docteur Norbert AGOÏNON, Docteur Ismaïla TOKO, Docteur Germain SAGBO, Docteur Auguste HOUINSOU et Docteur Augustin AOUDJI, pour leur conseil fraternel.

A mes collègues du Laboratoire de Biogéographie et Expertise Environnementale, pour l'esprit de collaboration, sincères reconnaissances. Il s'agit en l'occurrence de messieurs Djafarou ABDOULAYE, Rachad K. F M. ALI et Martin O. ASSABA.

Mes amis Marcellin E. SAGBO, Alexis A. ADANTCHEDE, Eric SOGBOSSI pour leurs soutiens.

Mon frère Etienne AKAKPO, pour son assistance morale.

Toute la famille ODJOUBERE, en particulier ODJOUBERE Fati, ODJOUBERE Cossi, ODJOUBERE Firmin, ODJOUBERE Thérèse, ODJOUBERE Etienne, ODJOUBERE Victorine, ODJOUBERE appolinaire qui par leurs prières, ont permis l'aboutissement de ce travail.

Mes remerciements à l'endroit des populations d'Okouta-Ossé, d'Aoro, de Biguina, de Kprèkètè, d'Akpassi et de Bobè pour leurs appuis, accueils et franche collaboration sur le terrain.

RÉSUMÉ

La forêt classée des Monts Kouffé subit de fortes pressions anthropiques bien qu'elle soit dotée d'un plan d'aménagement participatif par le projet PAMF. Cette pression n'épargne point la série de protection où les écosystèmes sont sensibles.

La présente étude vise à mettre en exergue les déterminants de la dégradation de la série de protection en vue de proposer des stratégies pour exécuter le plan d'aménagement participatif.

Deux cent quarante (240) placeaux ont été installés dans la série de protection. Les éléments relevant des perturbations sur les ligneux ont été notés. Pour analyser la perception des populations sur les facteurs de dégradation des ligneux, 587 personnes ont été entretenues individuellement. L'efficacité des structures locales de cogestion a été évaluée. Le test t classique pour la vérification de la significativité des différences perçues entre deux valeurs et le test homogénéité de Scheffe ont été utilisés pour comparer les scores d'efficacité des structures de cogestion.

Vingt huit pour cent (28 %) des ligneux de la série de protection a été abattu et mort sur pied contre 72 % épargné. L'agriculture s'est révélée le facteur direct prépondérant contribuant à la disparition de 15 % des ligneux, suivie de la carbonisation (6 %) et de l'exploitation de bois d'œuvre (3 %). L'érosion, le seul facteur naturel dont l'action est visible sur le terrain, a entraîné la perte de 4 % des ligneux. Les populations ont perçu que la pauvreté monétaire, la croissance démographique, l'occupation des terres par les anacardiers et la faible implication de l'État dans la gestion des forêts contribuent indirectement à la dégradation des ligneux. Les structures locales de cogestion ont été inefficaces dans l'exécution du plan d'aménagement participatif. Dans ce cadre, les parties prenantes que sont les populations, les collectivités locales et l'État devront s'investir à l'amélioration des systèmes de gestion des après-projets forestiers.

Mots-clés : Pression, série de protection, espèces ligneuses, Monts Kouffé, Bénin.

ABSTRACT

Classified Forest of Mounts Kouffé is under strong anthropogenic pressures albeit it has a participatory management plan by the PAMF project. This pressure does not spare the series of protection, portion along the major rivers where ecosystems are sensitive.

This study aims at emphasizing the factors of the degradation of the series of protection in order to suggest strategies to implement the participatory management plan.

Two hundred and forty (240) circular plots were installed in the series of protection. Elements under disturbances on ligneous species have been noted. To analyze the perception of population about the causes of degradation of ligneous species, 587 persons were surveyed individually. The effectiveness of local co-management organizations was assessed. The classic t test to verify the significance of differences between two values and Scheffé homogeneity test were used to compare the efficiency scores of local co-management organizations. Twenty eight percent (28 %) of the ligneous species of the protection series was cut and dead standing against 72 % spared. Agriculture proved to be the dominant direct factor contributing to the disappearance of 15 % of ligneous species, followed by carbonization (6 %) and the exploitation of timber (3 %). Erosion, the only natural factor whose action is visible on the ground, caused the loss of 4 % of ligneous species. Populations have seen that monetary poverty, population growth, occupation of land by cashew trees, and the low involvement of the State in forest management indirectly contribute to the degradation of ligneous species. Local co-management organizations have been inefficient in the implementation of participatory management plan. Within that framework, the stakeholders that are populations, local authorities should get involved to improve after forest project management systems.

Keywords : Pressure, protection series, ligneous species, Mounts Kouffé, Benin.

INTRODUCTION GENERALE

Le couvert végétal dans les pays sous-développés en général et ceux de l'Afrique de l'Ouest en particulier, enregistre continuellement de fortes perturbations. Selon Sinsin (1997), en Afrique de l'Ouest, toutes les catégories d'aires protégées sont affectées par des activités humaines. Pour la FAO (2011), en Afrique de l'Ouest, la forêt a régressé de 961 000 d'hectares/an de 1990 à 2000 et de 875 000 d'hectares/ an de 2000 à 2010.

Le Bénin, un pays non forestier, n'est pas épargné par le phénomène de la dégradation des ressources forestières. Couvrant une superficie de 2 351 000 ha dont 114 000 ha de plantations et 1 303 000 ha de forêts classées (FAO, 2005), les forêts béninoises subissent une forte dégradation. La couverture forestière est passée de 4 923 000 ha en 1990 à 4 625 000 ha en 1995, soit une perte moyenne de 59 600 ha par an. Pour la FAO (2009), le Bénin perd environ 65 000 hectares de forêt par an. Cette dégradation des forêts est due aux mauvaises pratiques agricoles, au système d'élevage rudimentaire, à l'exploitation forestière anarchique (Sinsin, 2007; Tenté, 2000; Afouda, 2006; ProCGRN, 2008), aux variations climatiques (IMPETUS, 2007), aux

besoins de consommation locale et aux préoccupations mercantiles (MEHU, 2000) et à la recherche de bois énergie (PBFII, 2007). En effet, les besoins en bois énergie sont estimés à 10.106.196 tonnes pour l'année 2012 et la projection pour l'année 2027 est de 17 816 587 tonnes PFN (2004). En l'absence d'alternatives en termes d'emploi et d'une politique d'aménagement du territoire, les populations en croissance rapide, surexploitent les ressources naturelles pour assurer leur survie.

De nos jours, les diverses pressions humaines sur les ressources forestières sont orientées vers les forêts classées. Malgré les efforts notables consentis par l'État en adoptant la Loi 93-009 du 02 Juillet 1993 portant Régime des Forêts en République du Bénin, la nouvelle politique forestière de 1994 et un Programme d'Action Prioritaire pour procéder à l'aménagement concerté des forêts, les aires protégées sont toujours influencées par les actions anthropiques qui compromettent dangereusement leur fonctionnement (Assédé et Sinsin, 2007). Les forêts classées, les parcs et les périmètres de reboisement sont illégalement occupés, d'autres sont grignotés chaque année et d'autres encore, en cours d'être aliénés (MEHU, 2002).

Ces pressions sur les forêts se manifestent par la fragmentation des habitats de la faune. Selon Akouègninou *et al.* (2006), au Bénin, la dégradation des ressources naturelles est galopante et alarmante et ce phénomène de dégradation entraîne un appauvrissement de la diversité biologique dû à la disparition des formations forestières au profit des savanes au potentiel plus réduit.

Les efforts pour tenter de renverser cette tendance de dégradation des ressources forestières, ont amené de profondes réformes économiques et politiques du secteur forestier béninois à partir de 1989. Ainsi, en 1992, le Bénin s'est engagé dans un schéma de gestion durable des ressources forestières à travers l'élaboration et la mise en œuvre de plan d'aménagement participatif des forêts classées. Cette nouvelle politique forestière, garantit la pérennité du patrimoine écologique national et la satisfaction des besoins des populations en biens et services forestiers. Elle met un accent particulier sur l'intégration des populations riveraines dans l'aménagement et la gestion des écosystèmes forestiers (DGFRN, 2010).

Après les forêts classées de Tchaourou-Toui et Kilibo qui sont les toutes premières expériences au Bénin en matière de gestion participative des ressources forestières (DGFRN, 2010), suivent d'autres forêts classées dont celles de Gougnoun, de la Sota, des Trois Rivières, de Goroubi, de l'Ouémé Supérieur, de N'Dali, d'Agoua, des Monts Kouffé et de Wari-Maro, etc. Cette nouvelle approche vise à mieux gérer les ressources forestières tout en contribuant à l'amélioration des conditions de vie des populations riveraines. C'est dans ce contexte qu'est intervenu de 2002 à 2007, le Projet d'Aménagement des Massifs Forestiers d'Agoua des Monts Kouffé et de Wari-Maro (PAMF) dans les Communes de Bantè, de Bassila, de Tchaourou et de Ouèssè. La fin de ce projet a permis l'élaboration des Plans d'Aménagement Participatifs (PAP) des trois forêts (Agoua, Monts Kouffé et Wari-Maro). Ces Plans d'Aménagement Participatifs sont des documents dans lesquels sont consignées les activités d'aménagements forestiers devant être réalisées par les populations et l'administration forestière dans les séries délimitées lors du zonage. A cet effet, les structures locales de cogestion (CVDD, CEGRN et CRDRN) des ressources naturelles ont été installées dans les villages riverains desdites forêts en vue de pérenniser les acquis du projet PAMF. Cependant, les pressions anthropiques ont repris dans la forêt classée des Monts Kouffé en général et dans la série de protection en particulier (Odjoubéré, 2011).

Au cours de la mise en œuvre du Plan d'Aménagement Participatif, l'une des préoccupations majeures serait d'évaluer l'état du couvert végétal des Monts Kouffé en général, ou tout au moins celui de quelques séries. Le constat aujourd'hui est qu'il n'existe pas de travaux indiquant cet état. Cette situation a comme corollaire la difficulté d'évaluation de l'aptitude des structures de cogestion à l'exécution dudit plan.

Il existe donc une nécessité cruciale à mener des recherches pour cerner la dynamique du couvert végétal de la série de protection après la fin de la première phase du projet PAMF.

Voilà pourquoi, le sujet « pressions sur les espèces végétales ligneuses de la série de protection des Monts Kouffé au Bénin » a été choisi.

Le présent document est structuré en trois parties :
- d'abord, la première présente en trois chapitres le cadre théorique, le milieu d'étude et l'approche méthodologique;

- ensuite, la deuxième partie organisée en trois chapitres présente les facteurs directs de pression sur les ligneux de la série de protection, la caractérisation de la végétation épargnée par les pressions et la perception des groupes socioprofessionnels sur les déterminants de la dégradation des ligneux ;

- enfin, la troisième partie subdivisée en deux chapitres, évalue l'aptitude des structures de cogestion à l'exécution du plan d'aménagement, et discute des résultats obtenus.

PREMIERE PARTIE :
CADRE THÉORIQUE, MILIEU D'ÉTUDE ET APPROCHE MÉTHODOLOGIQUE

La première partie de cette thèse comprend trois chapitres : le cadre théorique, le milieu d'étude et l'approche méthodologique utilisée. Le premier chapitre a consisté d'abord à la présentation de la problématique, des hypothèses, des objectifs et la clarification des concepts et des termes. Le deuxième chapitre a ensuite présenté le milieu d'étude à travers ses caractéristiques biophysiques et socio-économiques. Enfin, le troisième chapitre s'est focalisé sur le matériel et les méthodes utilisées par objectif spécifique.

CHAPITRE I : CADRE THEORIQUE

Le cadre théorique de l'étude est axé sur la problématique, les objectifs, les hypothèses et la clarification de quelques concepts.

1.1. Problématique

Les forêts africaines constituent un immense réservoir de diversité biologique et jouent un rôle fondamental dans la satisfaction de nombreux besoins des populations locales (FAO, 2001 ; PNUE, 2001). Selon CNUED (1992), elles ont une fonction écologique vitale car elles évacuent le CO_2 de l'atmosphère et servent d'habitat à la faune et à la flore. Les forêts règlent également le cycle de l'eau et contribuent à la protection des sols. Elles produisent certains produits de base et des matières premières, tels que le bois d'œuvre, le bois de chauffage et de la nourriture (CNUED, 1992). Cependant, les forêts font l'objet de pressions de plus en plus importantes dans le monde. A l'instar des autres pays au Sud du Sahara, de l'Asie, et de l'Amérique du Sud, le Bénin, n'est pas à l'abri des phénomènes de dégradation des ressources naturelles (Ajavon, 2012). On assiste à une accélération du processus de déforestation qui constitue une menace grave à l'équilibre écologique. La faune et la flore subissent des dommages sans précédent à travers la destruction sans mesure de leur habitat (MDR et al., 2000 ; Houinato, 2001).

Dès les années 1950, environ 2 158 028 ha de forêts, représentant 20 % de la superficie totale du pays ont été classés. Aujourd'hui, ce taux a considérablement diminué suite aux effets conjugués des défrichements et des feux de végétation et se situe à environ 10 % (Fanou et al., 1997). La quasi-totalité de la superficie classée dans le Nord du pays comme savane boisée a pratiquement disparu et, dans le même temps, la superficie de la savane arborée a diminué de 80 % environ (Sinsin et Heymans, 1988).

Selon PFN (2004), à Natitingou, sur 256 ha de forêt classée au départ, il ne reste qu'environ 76 ha, lesquels sont encore menacés de déclassement. A Djougou, les forêts de Kilir et de Soubroukou seraient déjà loties et celle de Sérou très menacée. A Parakou, le périmètre de reboisement a été fragmenté par la voie bitumée, les populations ont occupé une partie pour l'exploitation de granite et des tentatives de récupération d'une partie pour le lotissement s'annonce déjà par les autorités locales.

La forêt des Monts Kouffé, classée depuis 1957, n'est pas épargnée de cette pression anthropique malgré le rôle répressif des forestiers (Djogbénou, 2010). La faible implication des populations riveraines dans la gestion de cette aire protégée a conduit au non-respect des règlements en vigueur (Djogbénou *et al.*, 2011), qui se traduit par l'envahissement de ces espaces par des exploitants de bois, des agriculteurs, des pêcheurs, des chasseurs et des éleveurs.

Plusieurs facteurs contribuent à la dégradation des forêts classées. Il s'agit entre autres: les politiques gouvernementales qui font de larges concessions aux industries forestières, la construction de routes et voies d'accès aux ressources agricoles, l'agriculture, l'élevage, l'exploitation forestière, l'urbanisation, l'environnement climatique difficile et les besoins en énergie de la population (FAO, 2005; CEDEAO; UEMOA et FAO, 2009). En effet, 80 % de la population béninoise sont dépendants, pour leurs activités culinaires, du bois de feu et du charbon de bois qui proviennent essentiellement des formations naturelles et des jachères (PBFII, 2008). De 2005 à 2011, la quantité de bois énergie produite au Bénin est estimée à 1496719,17 m^3 soit 213817,02 m^3 par an (DGFRN, 2005; 2006; 2007; 2008; 2009; 2010; 2011). En ce qui concerne le bois d'œuvre, bien que le Bénin ne soit pas un pays forestier, il en exploite en moyenne 4 m^3/ha (FAO, 1995). De 2005 à 2011, la quantité de bois d'œuvre produite au Bénin est estimée à 772901,79 m^3 soit 128816,96 m^3 par an (DGFRN, 2005; 2006; 2007; 2008; 2009; 2010; 2011). Les activités humaines sont donc les causes prépondérantes (Scouvart & Lambin, 2006 ; Sodhi *et al.*, 2009) de la dégradation de la végétation.

Hormis ces activités ayant des impacts directs sur la végétation, un faisceau de facteurs démographiques, politiques, économiques, technologiques et socio-culturels sont également à la base de la destruction des forêts (Arouna, 2012).

Les conséquences de ces activités humaines sur les forêts se manifestent par la perte de la biodiversité. Pour Daavou (2007), l'exploitation des ressources végétales ligneuses entraîne la disparition des plantes médicinales, dont la population se sert pour guérir des maux. Elle contribue aussi à la destruction de l'habitat des êtres vivants (oiseaux, insectes, bactéries, etc.). La perte des arbres peut occasionner aussi la perte de la faune sauvage. Selon CEI-RDC (2002), les conséquences de l'exploitation des forêts sur la conservation des ressources de la biodiversité sont de plus en plus évidentes, étant donné l'existence des interrelations étroites entre le monde végétal et le monde animal. Ces conséquences se manifestent sur la faune sauvage à la suite de la disparition d'arbres nourriciers et d'arbres refuges. C'est le cas notamment des chenilles dont les espèces les plus appréciées vivent sur les arbres des familles des Meliaceae et des Leguminosae-caesalpinioideae qui comportent malheureusement la plupart des essences commerciales intensivement exploitées.

La disparition des ressources forestières constitue une perte pour les générations futures. Même les espèces dont l'utilité n'est pas connue aujourd'hui doivent être préservées. Elles peuvent être des éléments recherchés, dans les années à venir, pour trouver des solutions à certains maux de l'humanité. Elles pourraient être aussi des sources de richesses incommensurables pour les nations (Biaou, 2005). C'est pour cette raison que la stratégie nationale pour la conservation de la diversité biologique vise à contribuer au développement durable du Bénin et à la réduction de la pauvreté à travers une meilleure gestion de la diversité biologique. Ainsi, l'orientation majeure du pays en matière de la diversité biologique est que : « d'ici à l'an 2025, les collectivités territoriales décentralisées et l'État ont une conscience précise des enjeux de la diversité biologique et la gèrent durablement pour soutenir le développement socio-économique du Bénin ».

C'est dans cette perspective que s'inscrit le projet PAMF qui, selon Djodjouwin (2001), a pour objectif de concilier les principes de la conservation et les impératifs socio-économiques afin de rationaliser la gestion de la forêt classée des Monts Kouffé. Avant l'avènement dudit projet, les principales causes de la dégradation croissante et alarmante de la flore et de la faune dans les Monts Kouffé peuvent être regroupées comme suit :
- insuffisance de mesures de protection et d'aménagement de la forêt classée;
- insuffisance des capacités d'intervention des agents forestiers.

Pour corriger ces insuffisances, le projet PAMF est intervenu dans les Monts Kouffé de 2002 à 2007 en utilisant l'approche participative contrairement à l'approche dirigiste basée sur le conservatisme, utilisée par certains projets forestiers qui finalement ne produisent pas d'effets perceptibles sur le terrain. A cet effet, le service forestier s'est ouvert à cette approche participative qui vise essentiellement à confier la gestion des écosystèmes forestiers aux communautés de base riveraines à travers des contrats de cogestion liant ces communautés rurales et l'administration forestière (Djodjouwin, 2001).

Cette approche participative a permis d'obtenir un certain nombre d'acquis : En matière de reboisement, la production forestière s'est améliorée, avec la réalisation de 92 ha de plantation en plein, et 13. 856 ha de plantation d'enrichissement dans les endroits dégradés où le sol est nu, en vue de récupérer ces parties de la forêt (PAP Monts Kouffé, 2007). Ces plantations ont pour but d'augmenter la valeur économique du peuplement végétal, de restaurer les zones dégradées avec des essences de valeur, d'accélérer la régénération naturelle, de maintenir le milieu forestier naturel, donc la biodiversité. Les essences utilisées sont des essences autochtones menacées d'extinction dans la zone écologique des Monts Kouffé et ayant une valeur économique évidente. Il s'agit de *Khaya senegalensis*, *Khaya grandifoliola*, *Milicia excelsa*, *Afzelia africana*, *Ceiba pentandra*, *Erythrophleum* guinneense et *Gmelina arborea* (PAP Monts Kouffé, 2007).

En dehors de ces plantations qui constituent un acquis ostentatoire du projet PAMF, les confréries villageoises des chasseurs ont été formées pour surveiller les ressources forestières contre toute exploitation frauduleuse. Elles réalisent chaque année des feux contrôlés dans la forêt classée des Monts Kouffé. Ces feux permettent de sauvegarder les ressources forestières, notamment les régénérées. Car, les feux contrôlés constituent un outil de gestion et de contrôle de la végétation (Sinsin & Saidou, 1998).

La concrétisation de la volonté de l'administration forestière à mieux gérer les ressources forestières de cette aire protégée s'est traduite par la mise en place des conditions et des modalités de participation des populations à la mise en œuvre du plan d'aménagement pour qu'aucune des parties ne se sente lésée. Le principe de base du fonctionnement de ce partenariat est l'engagement de l'administration forestière à concéder certains produits issus de la forêt aux populations riveraines de façon à les motiver dans la sauvegarde des ressources forestières. A cet effet, des structures villageoises de cogestion des ressources naturelles tels que le CVDD, le CEGRN et le CRDRN ont été créées afin de réussir à mettre en œuvre le Plan d'Aménagement Participatif (PAP). Ces actes constituent des mesures pour une meilleure gestion des Monts Kouffé en général et la série de protection en particulier.

Malgré ces acquis, au lendemain de la fin de la première phase du projet PAMF, l'exploitation des ligneux pour le bois d'œuvre et la carbonisation ont intensément repris. Il s'est développé une exploitation forestière sélective qui conduit progressivement à la raréfaction de certaines espèces (Odjoubéré, 2011). A la recherche de nouvelles terres plus fertiles (Yabi, 2012), les agriculteurs occupent de plus en plus les berges du cours d'eau Adjiro (situé dans la série de protection) jadis restées incultes. Ils y installent des champs d'ignames (*Discorea esculenta*), de riz (*Orysa sativa*), etc., occasionnant la dégradation de la série de protection et par ricochet des forêts galeries.

La conséquence de toutes ces pratiques est la fragmentation de la série de protection entraînant un déplacement et une réduction de l'aire de distribution de certaines espèces. Pour Yabi (2012), les galeries conservées de la série de protection des Monts Kouffé sont les plus riches en oiseaux (32 espèces), suivies des galeries dégradées (23 espèces) et des franges d'eau libre (16 espèces). La perte des ligneux pour l'agriculture ou leur exploitation excessive pour le bois d'œuvre et le bois énergie laissent les animaux dépourvus d'habitats pour la reproduction et sans protection contre les catastrophes naturelles.

Ces constats suscitent la question principale suivante : les facteurs de menace et de pression sur les ligneux dans la série de protection des Monts Kouffé, n'empêchent-ils pas l'exécution du plan d'aménagement participatif?

De cette question principale, découlent les questions spécifiques ci-après :
- Quels sont les facteurs directs de la dégradation des espèces ligneuses dans la série de protection des Monts Kouffé?
- Quelles sont la composition et la structure de la végétation épargnée par secteur de la série de protection?
- Quelles perceptions les populations locales ont-elles des facteurs de menace et de pression sur les espèces ligneuses dans la série de protection des Monts Kouffé?

- Après la fin de la première phase du projet PAMF, les structures de cogestion ont-elles la capacité d'exécuter les activités qui leur ont été confiées par la population et l'administration forestière?

C'est pour répondre à ces interrogations que le présent sujet : « Pressions sur les espèces végétales ligneuses de la série de protection des Monts Kouffé au Bénin » a été abordé.

1.2. Hypothèses de recherche

Nous admettions en hypothèse principale que les facteurs de menace et de pression sur les ligneux de la série de protection, empêchent l'exécution du plan d'aménagement participatif des Monts Kouffé. Il en découle quatre hypothèses secondaires :

1 : l'agriculture, l'exploitation du bois d'œuvre, la carbonisation, l'érosion et le pâturage constituent les principaux facteurs directs de menace et de pression sur les ligneux de la série de protection;

2 : la composition floristique, les paramètres de diversité et la structure de la végétation épargnée varient d'un secteur à un autre dans la série de protection;

3 : la perception sur l'importance des facteurs de menace et de pression sur les espèces ligneuses des Monts Kouffé varie d'un groupe socioprofessionnel à un autre;

4 : après la fin de la première phase du projet PAMF, les structures de cogestion n'ont pas suffisamment d'aptitudes pour exécuter le Plan d'Aménagement Participatif.

1.3. Objectifs de recherche

L'objectif général de cette étude est de mettre en exergue les déterminants de la dégradation de la série de protection en vue de proposer des stratégies pour l'exécution du plan d'aménagement participatif des Monts Kouffé. De façon spécifique, il s'agit :

1 : d'identifier les facteurs directs de pression sur les ligneux dans la série de protection des Monts Kouffé;

2 : de caractériser les paramètres de diversité et structuraux de la végétation épargnée par secteur dans la série de protection;

3 : d'analyser la perception des groupes socioprofessionnels sur les facteurs de menace et de pression des ligneux de la série de protection;

4 : d'évaluer l'efficacité des structures de cogestion à l'exécution du Plan d'Aménagement Participatif.

1.4. Clarification des concepts et des termes

La formulation du sujet, objet de la présente étude, fait appel à l'utilisation fréquente de certains concepts et termes qu'il convient de clarifier pour faciliter la compréhension du travail. Les concepts clés retenus sont : **forêt classée, zonage, série de protection, Plan d'Aménagement Participatif, approche participative** et **perception**.

Forêt classée : une forêt est dite classée lorsqu'elle est soumise à un régime restrictif de l'exercice des droits d'usage des individus ou des collectivités après accomplissement d'une procédure de classement telle qu'elle est définie dans la Loi n°93-009 du 2 Juillet 1993, Portant Régime des Forêts en République du Bénin en son article 4. D'une superficie de 201 000 ha, le massif forestier des Monts Kouffé a fait l'objet de l'arrêté de classement n° 2078 SE du 21 avril 1949. En 1957, cette superficie est passée de 201 000 ha à 180 300 ha selon l'arrêté n°2484 du 14 mars 1957 (PAP MK, 2007).

Dans une forêt classée, l'exploitation anarchique est proscrite. Doté déjà d'un Plan d'Aménagement Participatif, les ressources naturelles des Monts Kouffé doivent être gérées suivant les normes pré-définies dans le PAP. Malheureusement, depuis la fin dudit projet en 2007, l'exploitation forestière s'est intensifiée dans toutes les séries délimitées lors du zonage.

Zonage : Le zonage est le découpage de la forêt en séries auxquelles on attribue des activités spécifiques et les conditions d'utilisation de la forêt dans chacune d'elles (PAP MK, 2007). C'est l'organisation spatiale des objectifs d'aménagement forestier en termes de partition de la forêt en zones de caractéristiques écologiques semblables (Djogbénou, 2010). Le zonage permet de planifier dans l'espace les objectifs de l'aménagement. Il a permis de subdiviser la forêt classée des Monts Kouffé en diverses séries tels que la série de production, la série agro-forestière, le noyau intégralement protégé et la série de protection. C'est cette dernière série qui fait l'objet de la présente étude.

Série de protection : La série de protection comprend des portions de la forêt classée des Monts Kouffé longeant les principaux cours d'eau (500 m de part et d'autre de chaque rive) où les écosystèmes sont sensibles. La superficie totale occupée par ces séries est de 9 508 89 ha. La partie sud des Monts Kouffé qui fait l'objet de la présente étude couvre 4 075 23 ha. La délimitation des séries de protection a pour objectif de disposer d'une bande d'habitat où la faune devra disposer de la quiétude nécessaire pour son développement. Ces séries couvrent les grands cours d'eau en raison du fait que le facteur limitant de la faune en saison sèche est l'eau. En effet, pendant la saison sèche, c'est autour de ces points d'eau résiduels dans le lit des cours d'eau que la faune sauvage se concentre. De ce fait, ces portions sont vouées spécialement à la protection pour le maintien de la diversité biologique, ainsi que des ressources naturelles et culturelles associées. Selon le PAP (2007), les séries de protection sont exemptes de toute activité d'exploitation, de parcours et de chasse et leur gestion relève de la compétence du Chef de l'Unité d'Aménagement concerné en liaison avec les structures de cogestion et les Confréries Villageoises des Chasseurs.

Plan d'aménagement participatif : Un plan d'aménagement est d'abord un document dans lequel est décrite la structuration spatiale, à réaliser dans une période donnée, d'une forêt en fonction d'un ou de plusieurs objectifs définis (conservation, écotourisme, production, protection, transhumance, agroforesterie, ou autres). Il est dit participatif lorsqu'il est le fruit d'un consensus émanant de l'intégration des connaissances scientifiques et endogènes et des grandes préoccupations des populations et de l'Administration forestière. Le plan ainsi élaboré est perçu par la plupart des membres de la société comme la meilleure alternative pour une exploitation durable des ressources en question (PAP, 2007). Par conséquent, l'exploitation des ligneux devrait se faire selon les critères définis dans ce document.

Approche participative: C'est une approche par laquelle la population est associée dans les processus de prise de décisions et de mise en œuvre d'une action ou projet de développement. Dans le cas de l'aménagement forestier, il s'agit de l'implication effective des populations riveraines des forêts à toutes les étapes d'aménagement et de gestion forestiers afin d'assurer la durabilité sociale (Kouplevatskaya, 2008). Selon Djogbénou (2010), l'approche participative est fondée sur l'établissement d'un dialogue permanent entre populations et agents techniques, sur le respect mutuel et le principe du partenariat, ainsi que sur la reconnaissance du savoir-faire local.

Pour Richardson cité par Kiansi (2011), les approches participatives servent à valoriser les savoirs locaux parce que, « en raison de leur marginalisation, le savoir local n'a pas fait l'objet de beaucoup d'études avant les années 1950-1960, étant étudié seulement par une poignée de naturalistes, folkloristes et linguistes. Plus récemment, des recherches en ethnoscience ont démontré que les agriculteurs traditionnels sont des observateurs compétents du milieu naturel, qu'ils possèdent de grandes quantités de savoirs empiriques et qu'ils savent adapter leurs pratiques aux changements de contexte. La gestion locale des ressources naturelles doit être alors un procédé participatif responsabilisant les producteurs et en même temps augmentant leur capacité d'autopromotion dans les écosystèmes menacés. Ainsi, la gestion locale des forêts apparaît comme une option importante à expérimenter dans l'optique de lutter contre la pauvreté.

Perception : La perception vient du latin « percepire » qui est le fait de savoir par les sens et l'esprit. C'est la manière selon laquelle l'homme comprend son environnement. Cette perception dépend de réactions physiques et ainsi, de l'influence de son mental dans l'interprétation des différents stimuli (Hounhinto, 2011). Cote (1986) définit la perception comme étant le processus par lequel l'individu organise et interprète ses impressions sensorielles de façon à donner un sens à son environnement. Comme la perception implique une interaction dynamique entre l'individu et la réalité objective, elle est fortement influencée par les caractéristiques de celui qui perçoit.

Ainsi, la perception est une partie formelle du processus vital par lequel chacun d'entre nous partant de son point de vue propre, crée pour lui-même le monde dans lequel il éprouve ses expériences de vie à travers lequel il recherche ses satisfactions. La perception est donc conçue comme un évènement privé qui est incommunicable. Dans la présente étude, l'analyse de la perception des populations sur les facteurs de la dégradation des ligneux permettra de savoir si les groupes socioprofessionnels impliqués dans la dégradation des ligneux de la série de protection sont conscients de l'impact négatif de leur activité sur la forêt classée des Monts Kouffé.

CHAPITRE II: MILIEU D'ETUDE

2.1. Situation géographique

La série de protection est une partie de la forêt classée des Monts Kouffé située au centre du Bénin entre 8°28'08''et 8°48'42'' de latitude nord et entre 1°40'36'' et 2°16'23''de longitude est. Elle est limitée au nord par la forêt classée des Monts Kouffé, à l'est par la Commune de Glazoué, au sud par la Commune de Bantè et à l'ouest par la Commune de Bassila (figure 1).

Dans cette série de protection, se trouvent les galeries forestières qui font aujourd'hui l'objet d'un intérêt grandissant en relation avec la conservation de la diversité biologique (Hanowski *et al.,* 2003; Oertli *et al.*, 2004). Ce sont des milieux hébergeant une diversité floristique et faunistique exceptionnelle souvent supérieure à celle des habitats connexes (Natta, 2003; Williams *et al.,* 2004). Ils servent de refuge et d'habitats à de nombreuses espèces menacées, adaptées à ces milieux particuliers. Cependant, les populations riveraines des Monts Kouffé exploitent les espèces ligneuses de cette série pour en fabriquer du charbon. Selon Odjoubéré *et al.* (2013), c'est dans cette série que la carbonisation est intense pendant la saison sèche.

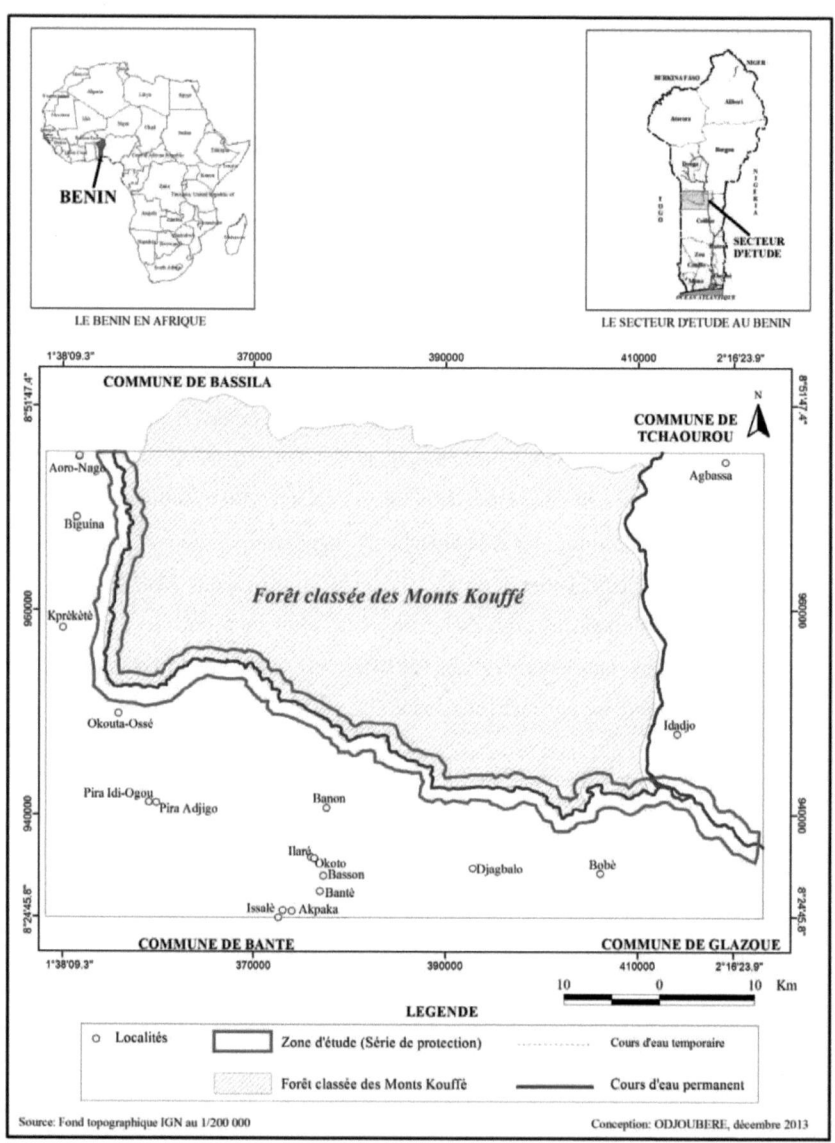

Figure 1 : Localisation du milieu d'étude

2.2. Données physiques

2.2.1. Précipitations et évapotranspiration

Le secteur d'étude bénéficie d'un climat tropical de type guinéo-soudanien. Le diagramme climatique (figure 2) montre les périodes bioclimatiques de la région des Monts Kouffé.

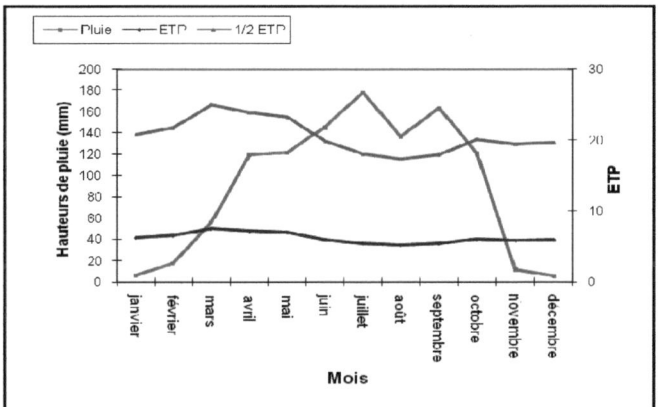

Figure 2 : Diagramme climatique de la région des Monts Kouffé (1980-2010)
Source : ASECNA, 2010

De l'analyse de la figure 2, il ressort que trois (3) périodes bioclimatiques sont distinguées dans la région des Monts Kouffé :

- mi-octobre à mi- mars : période sèche;

- mi-mars à fin juillet : période humide;

- début août à mi-octobre : période très humide.

Pendant la période sèche, les cours d'eau tarissent, mais, la rivière Adjiro située dans la série de protection, conserve de l'eau en certains points de son lit. Ces eaux sont utilisées par les charbonniers pour humecter le sol afin de faciliter la réalisation des meules aériennes. De même, les bœufs s'abreuvent dans cette rivière pendant la saison sèche, d'où le piétinement des repousses. En cette période, l'exploitation du bois d'œuvre prend de l'ampleur dans la série de protection des Monts Kouffé. L'accès à la forêt est facile et la décrue de la rivière Adjiro facilite également le transport des madriers par les camions. Pendant la période humide, certains charbonniers abandonnent la carbonisation au profit de l'agriculture. La série de protection est exploitée pour la production d'ignames (*Discorea esculenta*), du riz (*Orysa sativa*), du maïs (*Zea mays*), etc. Le pâturage régresse dans la série de protection, car l'eau et le fourrage sont disponibles aussi bien dans la forêt classée que dans les terroirs riverains.

De fin juillet à mi-octobre, la période est très humide avec de grandes pluies au mois de septembre. La carbonisation, le pâturage et l'exploitation du bois d'œuvre deviennent impossibles dans la série de protection à cause de la crue de la rivière Adjiro. Le débordement des eaux de cette rivière inonde une bonne partie de la série de protection.

2.2.2. Température

En milieu tropical, la température est importante pour la végétation puisqu'elle agit sur la respiration et la photosynthèse de la plante. De 1980 à 2010, la température moyenne est de 27°C (figure 3).

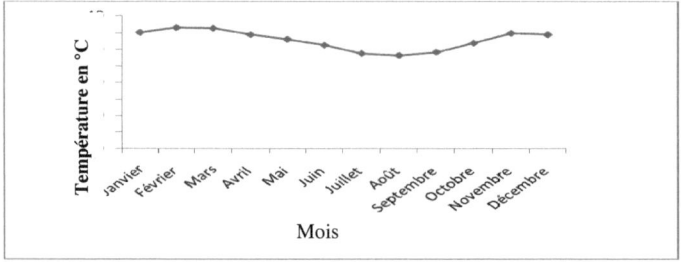

Figure 3 : Variations mensuelles de la température dans la région des Monts Kouffé (1980-2010)
Source : ASECNA, 2010

De l'analyse de la figure 3, il ressort que les températures les plus élevées sont enregistrées aux mois de mars et avril, les plus faibles en juillet, août et septembre.

Les températures les plus élevées sont observées pendant la saison sèche, période au cours de laquelle la carbonisation, l'exploitation du bois d'œuvre et le pâturage sont intenses dans la série de protection.

2.2.3. Relief et hydrographie

Le relief du secteur d'étude est peu accidenté. L'altitude varie entre 200 m et 300 m à l'exception de quelques formations granitiques escarpées mais de surface et de hauteur de commandement relativement réduites par les plateaux sur lesquels s'organisent les activités agricoles et l'habitat (Heymans et Petit, 1985). Le réseau hydrographique est formé principalement de la rivière Adjiro située dans la série de protection.

2.2.4. Sols et végétation

Le secteur d'étude présente différents types de sols : les sols minéraux d'origine non climatique (sols argilo-sableux) qui favorisent le développement de la culture d'igname (*Discorea alata*) et les sols ferrugineux tropicaux propices à la culture de maïs (*Zea mays*), du niébé (*Vigna unguiculata*) et l'arachide (*Arachis hypogea*) (Heymans et Petit, 1985).

La végétation est assez riche et diversifiée. Selon Djodjouwin (2001), les forêts claires et les savanes boisées sont dominées par les essences telles que *Isoberlinia doka*, *Pterocarpus erinaceus*, *Isoberlinia tomentosa*, *Monotes kerstingii*, *Uapaca togoensis*, *Vitellaria paradoxa* et *Pericopsis laxiflora*;

- les savanes arborées et arbustives présentant une strate arbustive dense avec une strate arborescente dominée par *Burkea africana*, *Detarium microcarpum* et *Terminalia avicennioides* exploitées par les charbonniers;

- les forêts denses sèches à *Anogeissus leiocarpa* et les forêts galeries dominées par les espèces, telles que : *Dialium guineense*, *Khaya senegalensis*, *Berlinia grandiflora*, *Pterocarpus santalinoides*, *Diospyros mespiliformis*, *Manilkara multinervis*, exploitées par les exploitants de bois d'œuvre;

- les jachères caractérisées par des espèces comme *Strychnos spinosa* et *Sarcocephalus latifolius*.

2.2.5. Espèces fauniques

La région des Monts Kouffé représente sur le plan faunique, le milieu où la diversité en espèces est la plus élevée au Bénin, notamment pour les primates (Sinsin *et al.*, 1998). La biomasse totale des espèces animales est estimée à 250 kg/m^2 dans le massif des Monts Kouffé (PAP Monts Kouffé, 2007). Les espèces telles que : *Syncerus caffer* (buffle), *Colobus vellorosus* (colobe noir d'Afrique) et *Tragelaphus spekei* (sitatunga) y sont rencontrées. La région abritait en 1995, 227 espèces d'oiseaux (Claffey, 1995). Ces animaux à la recherche de l'eau viennent s'abreuver dans la rivière Adjiro située dans la série de protection. La forte pression qu'exercent les populations riveraines sur cette série constitue aujourd'hui une menace pour l'habitat de la faune.

2.3. Caractéristiques socio-économiques

2.3.1. Groupes socio-linguistiques

Les autorités locales et les populations limitrophes qui ont des droits d'usages dans la série de protection des Monts Kouffé sont celles des villages riverains ci-après : Akpassi, Assaba, Banon, Bantè, Bobè, Djagbalo, Okouta-Ossé et Pira dans la Commune de Bantè; Adjiro, Aoro, Assion, Biguina, Koiwali et Kprèkètè dans la Commune de Bassila; Assahou et Idadjo dans la Commune de Ouèssè. Cette population est formée de plusieurs groupes socio-linguistiques dont les plus importants sont les Nagots. A cela, s'ajoutent les groupes d'immigrés que sont les Fons, les Hollis, les Adja, les Ditamaris et les Idatcha. Ces derniers sont tous en quête de terres fertiles pour l'agriculture ou attirés par l'exploitation forestière et autres activités lucratives.

2.3.2. Activités socio-économiques

Les principales activités économiques des populations riveraines des Monts Kouffé sont : l'agriculture, l'élevage, la chasse, la pêche, l'exploitation de bois d'œuvre la carbonisation et la cueillette.

2.3.2.1. Agriculture

L'agriculture constitue la principale activité économique des villages et hameaux riverains des Monts Kouffé. C'est une agriculture itinérante sur brûlis qui est caractérisée par de petites exploitations de 2 ha en moyenne, mais aussi par des exploitations de plus de 15 ha (Toko, 2005). Elle emploie presque la totalité (80 %) de l'effectif de la population (INSAE, 2004). L'igname vient en tête de rotation suivie par les autres cultures comme le maïs (*Zea mays*), le manioc (*Manihot esculenta*), l'arachide (*Arachis hypogea*) et le niébé (*Vigna unguiculata*) (Toko, 2012).

2.3.2.2. Élevage

L'élevage constitue une activité non négligeable. Il est pratiqué par quatre types d'éleveurs. Les agriculteurs éleveurs du petit bétail, les agro éleveurs qui sont des peulhs sédentarisés depuis de longue date, les transhumants nationaux constitués de peulhs venant périodiquement de la partie septentrionale du Bénin à la recherche de pâturage en saison sèche et les transhumants étrangers venant surtout des pays limitrophes notamment le Nigeria, le Niger, le Burkina-Faso et le Togo. Certains transhumants installent leur campement à l'intérieur de la forêt classée des Monts Kouffé surtout dans la série de protection (PAP M K, 2007).

2.3.2.3. Chasse

Elle est surtout pratiquée en saison sèche par les braconniers autochtones et allochtones. Les outils utilisés sont principalement les fusils et les pièges. Les espèces animales abattues sont : buffle (*Syncerus caffer*), cobe de buffon (*Kobus kob*), ourébi (*Ourebia ourebi*), phacochère (*Phacochoerus aethiopicus*), céphalophe (*Sylvicapra grimmia*), guib harnaché (*Tragelaphus scriptus*), aulacode (*Thryonomys swinderianus*) (travaux de terrain). Pendant la saison sèche, la plupart des chasseurs se mettent à l'affût dans la série de protection pour abattre les animaux à la recherche d'un point d'abreuvement.

2.3.2.4. Pêche

La pêche est pratiquée dans la rivière Adjiro située dans la série de protection. Ce cours d'eau tarit pendant la saison sèche et la pêche n'est possible que par endroits dans des îlots séparés les uns des autres. Les pêcheurs sont des agriculteurs occasionnels. Ils versent des produits phytosanitaires dans la rivière Adjiro ou utilisent des feuilles de *Tephrosia vogeli*i appelées *"lin-man"* en fon et *"Awêe"* en nagot ou encore de *Parkia biglobosa* qu'ils pilent avant de déverser dans les cours d'eau. Ces feuilles ou écorces contiennent des substances qui ont pour rôle d'enivrer les poissons. Ces derniers montent à la surface de l'eau et le pêcheur les ramasse. Cette pratique courante dans la rivière Adjiro constitue une menace pour les ressources halieutiques.

2.3.2.5. Exploitation de bois d'œuvre

L'exploitation de bois d'œuvre est développée dans la série de protection de la forêt classée des Monts Kouffé. Cette activité est pratiquée par les autochtones et les allochtones. Les principales espèces exploitées sont : *Khaya senegalensi*s, *Afzelia africana*, *Pterocarpus erinaceus*, *Ceiba pentandra*, *Anogeissus leiocarpa*, *Isoberlinia doka*, *Burkea africana*, *Diopyros mespiliformis*, *Antiaris toxicaria* et *Pseudocedrela kotschyi* (Toko *et al.,* 2013). Compte tenu de la pression des exploitants forestiers sur les ligneux de la série de protection, les forêts galeries situées le long de la rivière Adjiro sont en pleine dégradation.

2.3.2.6. Fabrication de charbon

Elle est pratiquée aussi bien par les charbonniers autochtones que les allochtones. Les espèces telles que : *Prosopis africana*, *Burkea africana*, *Pterocarpus erinaceus*, *Anogeissus leiocarpa* et *Isoberlinia doka* (Toko *et al.,*

2013) sont exploitées par ces charbonniers. La quasi-totalité de leur production est destinée à la vente aux consommateurs venus de Savalou, Bohicon, Cotonou et aux passagers quittant le Mali, le Niger et le Burkina-Faso en direction de Cotonou.

2.3.2.7. Cueillette

Elle est essentiellement l'œuvre des femmes. Dans tous les villages des Monts Kouffé, les femmes ont développé des activités économiques relativement importantes, basées essentiellement sur la mise en valeur des produits de la forêt classée (Sinsin, 1996). Selon les affinités des femmes, les produits exploités varient d'un village à un autre : de nombreux fruits dont le karité, diverses espèces de légumes verts auto-consommés et vendus, les champignons, des lianes transformées en éponges, une graminée (*Loudetia flavida*) transformée en balais, feuilles d'arbres pour la teinture artisanale ou pour l'emballage et le conditionnement de produits alimentaires, des plantes médicinales, etc. Les hommes récoltent de miel de brousse (par abattage et/ou mise à feu de l'arbre) et collectent de plantes médicinales.

CHAPITRE III : APPROCHE METHODOLOGIQUE

Le présent chapitre expose l'approche méthodologique utilisée pour chaque objectif spécifique.

3.1. Evaluation des facteurs directs de menace et de pression sur les ligneux de la série de protection des Monts Kouffé

Elle s'est fondée sur deux phases : la phase du laboratoire et celle des travaux de terrain.

3.1.1. Phase du laboratoire

Cette phase a consisté à délimiter à partir de la carte de végétation des Monts Kouffé à l'échelle de 1/200 000, une bande de 500 m de part et d'autre du cours d'eau Adjiro, représentant la série de protection. En se basant sur la carte des zones de chasses en annexe 10, la série de protection a été subdivisée en six compartiments ou secteurs composés d'un ou de plusieurs villages (tableau I).

Tableau I : Répartition des villages par secteur de la série de protection

Secteurs	Villages concernés
Aoro	Aoro
Biguina	Biguina et Koiwali
Kprèkètè	Kprèkètè et Assion
Okouta-Ossé	Okouta-Ossé et Pira
Akpassi	Banon, Bantè et Akpassi
Bobè	Bobè, Assaba et Djagbalo

Source : Travaux de terrain, avril 2012

✓ **Échantillonnage des placeaux installés dans la série de protection**

Quatre (4) transects de 1 km de long chacun, séparés de 1 km, ont été tracés au niveau de chaque secteur, soit un total de 24 transects dans les six (6) secteurs. Sur un transect, ont été installés dix (10) placeaux à intervalle régulier de 100 m, soit 240 placeaux dans les six (6) secteurs (figure 4).

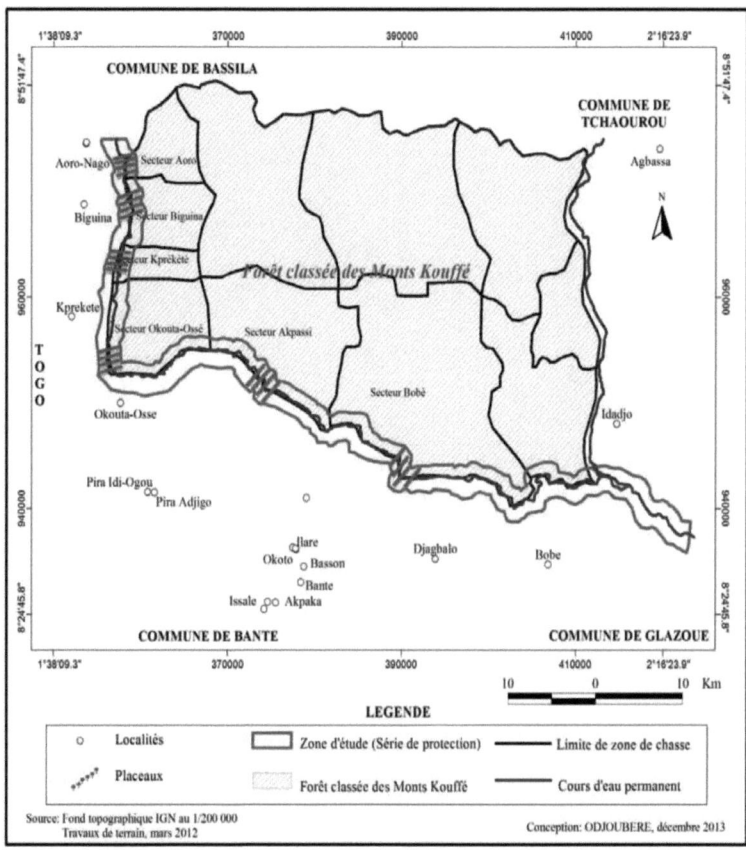

Figure 4 : Répartition des transects dans la série de protection des Monts Kouffé

La figure 4 montre les transects en trait rouge traversant le cours d'eau Adjiro matérialisé en bleu. Sur ces transects ont été positionnés les placeaux (figure 5).

Les coordonnées des placeaux ont été prises au laboratoire pour être identifiées sur le terrain.

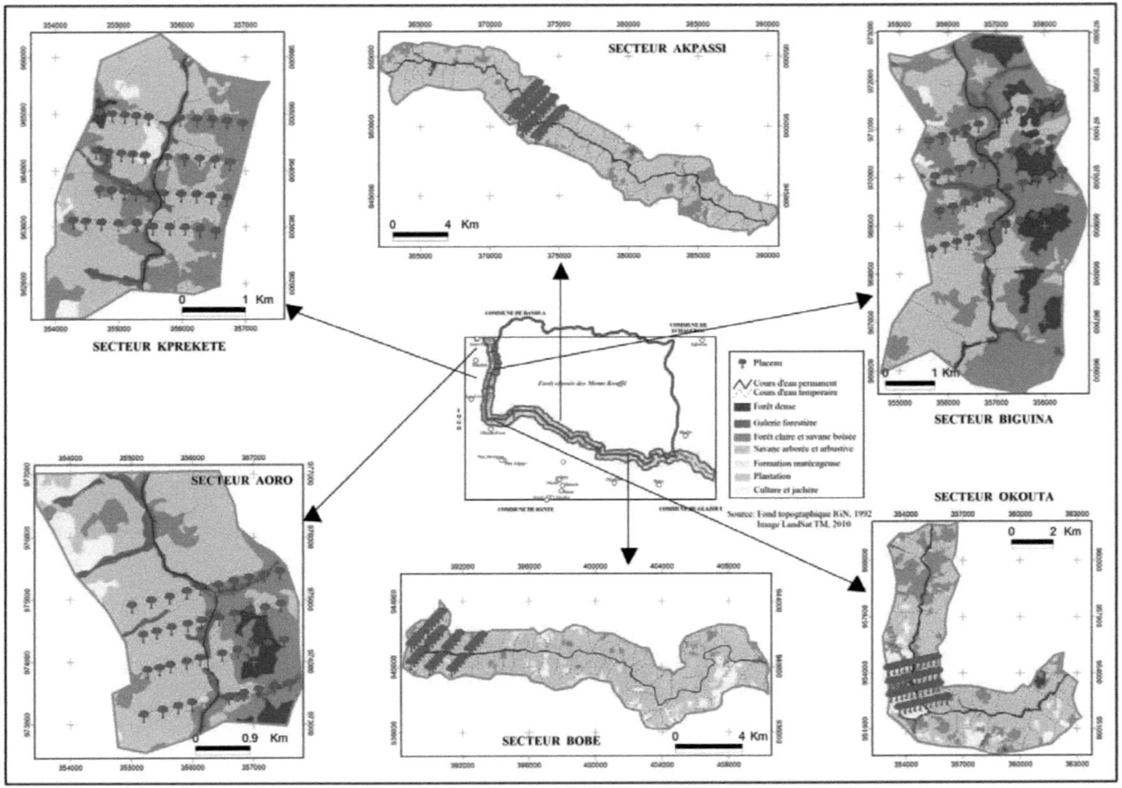

Figure 5 : Vue des placeaux et des secteurs de la série de protection

3.1.2. Phase de terrain

C'est la phase du contrôle terrain. Elle a consisté à se rendre dans la série de protection afin d'observer les activités de menace et de pression sur les ligneux. A cet effet, les coordonnées des points prises au laboratoire sur la carte de végétation des Monts Kouffé ont été introduites dans le GPS. Grâce à la fonction « rallier» du GPS, lesdites coordonnées ont été identifiées dans la série de protection, ce qui a permis d'installer les placeaux.

3.1.2.1. Forme, dimensions et répartition des placeaux

L'aire de relevé est un placeau circulaire de 18 m de rayon pour inventorier tous les ligneux de dbh $\geq$10 cm. Dix (10) placeaux de 1018 m^2 ont été installés le long de chaque transect, soit au total 240 placeaux inventoriés pour l'ensemble de la série de protection.

3.1.2.2. Données collectées dans les placeaux

Les relevés phytosociologiques ont été effectués au début de la saison pluvieuse (mars à avril); c'est une période au cours de laquelle les indices des activités destructrices du couvert végétal sont observés. Pour chaque relevé, les données ci-après ont été collectées :

- les coordonnées du centre de placeau ;

- les formes élémentaires de relief (replat, versant, vallée, ravin, etc.);

- les éléments relevant des perturbations anthropiques. Il s'agit des signes de :

* agriculture (aucun champ, présence du champ, type de champ);

* exploitation forestière (charbon de bois, bois d'œuvre);

* parcours de bœufs (aucun, 25 % du placeau, 50 % du placeau, 100 % du placeau);

* émondage (sans, émondage des branches);

* feu (sans feu ; 50 % brûlé ; 100 % brûlé);

* érosion (sans érosion, faible, moyenne, accentuée);

- les espèces mortes sur pied, les souches des espèces coupées de diamètre supérieur ou égal à 10 cm.

L'inventaire a également concerné les espèces épargnées, de diamètre supérieur ou égal à 10 cm. Mais, les mesures ont été effectuées à 1,30 m au-dessus du sol. Pour chaque espèce inventoriée, un coefficient d'abondance-dominance, qui est l'expression de l'espace relatif occupé par l'ensemble des individus de chaque espèce (Braun-Blanquet 1932), a été affecté. Les coefficients de recouvrement moyen (RM) admis pour la plupart sont :

5 : espèce couvrant 75 à 100 % de la surface du relevé (RM = 87,5 %);

4 : espèce couvrant 50 à 75 % de la surface du relevé (RM = 62,5 %);

3 : espèce couvrant 25 à 50 % de la surface du relevé (RM = 37,5 %);

2 : espèce couvrant 5 à 25 % de la surface du relevé (RM = 15 %);

1 : espèce couvrant 1 à 5 % de la surface du relevé (RM = 3 %);

+ : espèce couvrant 0 à 1 % de la surface du relevé (RM = 0,5 %).

Les outils tels que la carte de végétation des Monts Kouffé à l'échelle de 1/200 000e et le GPS (pour géoréferencer les centres des placeaux) ont été utilisés pour collecter les données. Il en est de même du matériel tel que le compas forestier pour mesurer le diamètre des espèces; la boussole pour la prise des azimuts; la machette pour la recherche des piquets et un appareil photographique numérique pour la prise des images.

Par ailleurs, lorsque les fours de carbonisation sont identifiés dans un placeau ou proches de celui-ci, leurs dimensions sont mesurées; ceci a permis d'estimer la superficie totale dégradée par les charbonniers.

3.1.2.2.1. Identification des espèces

La plupart des espèces a été identifiée directement sur le terrain. Les spécimens des espèces non identifiées ont été récoltés et comparés à ceux des Flores existantes (de Souza, 1988; Arbonnier, 2002 ; Akoègninou *et al.*, 2006). La détermination a été confirmée par comparaison à l'Herbier National du Bénin.

Ce type d'inventaire vise à déterminer le taux de dégradation suivant les activités exercées par les populations. Cette technique avait été utilisée par Odjoubéré (2011) et Ahomagnon (2013), respectivement dans les terroirs riverains des Monts Kouffé et dans l'arrondissement de Banamè, Commune de Zagnanado pour évaluer les effets anthropiques sur les espèces végétales ligneuses.

3.1.2.2.2. Limites de l'approche méthodologique

Les arbres coupés pour la carbonisation et le bois d'œuvre ne sont pas mesurés à 1,30 m au-dessus du sol (les niveaux de coupe sont inférieurs à cette hauteur), alors que les épargnés et les morts sur pieds ont été mesurés à 1,30 m.

3.1.3. Traitement des données d'évaluation des facteurs directs de menace et de pression sur les ligneux de la série de protection des Monts Kouffé

Après dépouillement manuel de la fiche d'inventaire, le tableur Excel 2010 a permis de trier d'abord les espèces épargnées, les espèces mortes sur pieds et celles abattues.par secteur. Ensuite, ces dernières ont été triées suivant les sources de pression (carbonisation, agriculture, exploitation de bois d'œuvre).

3.1.3.1. Evaluation des taux de disparition des espèces par types d'activités

Les taux de disparition des ligneux ont été calculés par types d'activités sources de pression. Les espèces végétales coupées et valorisées en charbon sont qualifiées d'espèces disparues pour cause de carbonisation. Elles sont notées Ec par placeau. Leur effectif sur l'ensemble des 240 placeaux est $\sum_{n=1}^{240}$ Ec.

Les espèces végétales ligneuses coupées pour le bois d'œuvre sont notées Eb. Leur effectif total sur les 240 placeaux vaut $\sum_{n=1}^{240}$ Eb.

Les espèces végétales abattues par les travaux champêtres sont notées Ech. Leur effectif total sur les 240 placeaux est noté $\sum_{n=1}^{240}$ Ech.

Les espèces végétales ligneuses dessouchées sous l'action de l'érosion sont notées Eo. Leur effectif sur les 240 placeaux est $\sum_{n=1}^{240}$ Eo.

Les espèces végétales ligneuses épargnées sur le plateau sont notées Ev. Leur effectif total sur les 240 placeaux est noté $\sum_{n=1}^{240}$ Ev.

L'effectif total des individus des espèces végétales ligneuses sur les 240 placeaux est noté EG et est calculé par la formule :

EG $=\sum_{n=1}^{240}$ Ec$+\sum_{n=1}^{240}$ Eb$+\sum_{n=1}^{240}$ Ech $+ \sum_{n=1}^{240}$ Eo$+\sum_{n=1}^{240}$ Ev

Le taux (T) de disparition des individus de l'espèce a été calculé par la formule :

$$T = \frac{\text{Nombre d'individus des espèces mortes sur les 240 placeaux}}{\text{Effectif total des individus des espèces ligneuses (abattues et mortes sur pied et épargnées) sur les 240 placeaux}} \times 100$$

Le taux de disparition (TD$_i$) des espèces par types d'activités (carbonisation, bois d'œuvre, agriculture, érosion) ont été calculés par la formule :

$$TD_i = \frac{\sum_{n=1}^{240} Ei}{\sum_{n=1}^{240} Ec+\sum_{n=1}^{240} Eb+\sum_{n=1}^{240} Ech + \sum_{n=1}^{240} Ev+\sum_{n=1}^{240} Eo} \times 100$$

i prenant les valeurs c, b, ch, v et o.

EC= espèces carbonisées; Eb= espèces coupées comme bois d'œuvre; Ech= espèces abattues par les agriculteurs dans les champs; Eo= espèces déracinées par l'eau;   EV= espèces épargnées.

3.1.3.1.1. Répartition des arbres abattus et morts sur pieds par classes de diamètre

Les structures diamétriques des espèces abattues par type d'activités ont été réalisées suite au dépouillement des fiches d'inventaire. Les amplitudes choisies sont de 10 cm. Quatre (4) classes de diamètre ont été retenues à la suite de l'analyse de la distribution générale de tous les arbres abattus et morts sur pieds mesurés sur le terrain. Les limites de ces classes sont :

i) [10-20 cm [; ii) [20-30 cm [; iii) [30-40 cm [; iv) [40-50 cm [.

3.1.3.2. Evaluation de la superficie des trouées créées par la carbonisation

La surface d'une trouée est notée S et est évaluée par la formule S=L X l, car les trouées ont en général une forme rectangulaire. La superficie totale des K trouées est notée ST et vaut :

$$ST = \sum_{i=1}^{K}(S_k)$$

ST= superficie totale des trouées;

S_k= superficie d'une trouée;

K = nombre total de trouées identifiées.

3.2. Méthodes de caractérisation des paramètres de diversité et structuraux de la végétation épargnée par secteur de la série de protection

Les travaux d'inventaire forestier réalisés dans le cadre de l'objectif 1, ont constitué les principales méthodes utilisées. Les données issues de cet inventaire, notamment celles relatives aux espèces épargnées ont été traitées afin de caractériser la végétation épargnée.

3.2.1. Traitement des données relatives à la caractérisation des paramètres de diversité et structuraux de la végétation épargnée par secteur de la série de protection

3.2.1.1. Diversité floristique

Elle exprime le nombre de familles présentes dans chaque relevé et leurs diversités spécifiques. La diversité spécifique quant à elle, indique le nombre d'espèces qui coexistent dans un habitat uniforme de taille fixe. C'est la richesse en espèces au sein d'un écosystème local. Elle a été calculée pour chaque secteur de la série de protection et s'est interprétée sur la base de la richesse spécifique (R), l'indice de diversité de Shannon (H') et l'équitabilité de Pielou (E).

La richesse spécifique (R) correspond au nombre d'espèces ligneuses épargnées par placeau. L'indice de diversité de Shannon (H') (1949), mesure la quantité moyenne d'informations (entropie ou hétérogénéité) données par un individu de la collection (ou de la communauté), calculée à partir des proportions d'espèces observées. Il représente la somme des informations données par la fréquence des diverses espèces le long de la surface d'inventaire.

$$H' = -\sum_{i=1}^{s} P_i \log_2 P_i \qquad\qquad P_i = \frac{n_i}{N}$$

N = nombre total d'individus ; ni = nombre d'individus de l'espèce i et
S = nombre d'espèces total dans l'échantillon.

Très généralement H' varie de 0 à 5 voire un peu plus de 5 bits;

H' Є [0 ; 2,5] alors H peut être supposé faible;

H'Є [2,6 ; 3,9] alors H peut être supposé moyen;

H'Є [4 ; 6] alors H peut être supposé élevé.

Un indice de diversité de Shannon élevé correspond à des conditions du milieu favorables à l'installation de nombreuses espèces, mais, le nombre d'individus par espèce est faible. C'est le signe d'une grande stabilité du milieu. L'indice de Shannon est maximal quand tous les individus sont répartis d'une façon égale sur toutes les espèces. Par contre, il est minimal si tous les individus du peuplement appartiennent à une seule et même espèce. Cela suggère donc que les conditions de la station sont défavorables et induisent une forte spécialisation des espèces, on a donc un nombre très faible d'espèces comportant beaucoup d'individus, d'où un phénomène de dominance.

L'équitabilité de Pielou (E) (1966) ou régularité est une mesure du degré de diversité atteint par le peuplement et correspond au rapport entre la diversité effective (H') et la diversité maximale théorique (Hmax) qui est égale au log à base 2 du nombre de taxons. Elle est calculée par la formule suivante :

$$E = \frac{H'}{Hmax}$$

$Hmax = \log_2 S$: diversité spécifique maximale.

L'équitabilité varie entre 0 et 1. Elle tend vers 0 si la quasi-totalité des effectifs correspond à une seule espèce du peuplement et tend vers 1 lorsque chacune des espèces est presque représentée par le même nombre d'individus ou le même recouvrement. L'équitabilité de Pielou élevé peut être alors le signe d'un peuplement équilibré, un milieu stable. L'équitabilité de Pielou faible correspond à des milieux très sélectifs comportant d'espèces dominantes.

3.2.1.2. Structure de la végétation épargnée par secteur de la série de protection

La densité et la répartition par classe de diamètre ont été les paramètres utilisés pour caractériser la structure au sein des secteurs de la série de protection.

3.2.1.2.1. Densité des arbres de la série de protection

Deux types de densité ont été calculés au niveau des six (6) secteurs : la densité potentielle (D_p) et la densité réelle (D_r).

- Densité potentielle (Dp)

Elle prend en compte les arbres morts sur pied, coupés et épargnés. Elle est calculée par la formule : $Dp = \frac{n_p}{A}$

n_p = nombre total d'arbres épargnés, abattus et morts sur pieds inventoriés dans le placeau; A = superficie du placeau ramenée à l'hectare.

- . Densité réelle (Dr)

Le nombre moyen d'arbres épargnés sur pieds sans aucune forme de perturbation apparente ramené à l'hectare, calculé par la formule : $D_r = \frac{n_r}{A}$

n_r = nombre d'arbres épargnés inventoriés dans le placeau; A = superficie du placeau ramenée à l'hectare.

✓ Test statistique

Le test d'analyse de variance a été utilisé pour comparer les densités potentielles et les densités réelles au sein d'un même secteur. Ce qui a permis de vérifier au seuil de 5 % la différence existant entre ces deux paramètres. Au cas où, il existerait une différence significative dans un secteur, alors la pression y est forte. Quant au test t d'échantillon apparié, il a été utilisé pour comparer les densités réelles entre les secteurs. Pour les tests, le logiciel SPSS a été utilisé.

3.2.1.2.2. Répartition des espèces épargnées par classes de diamètre

Les structures en diamètre sont révélatrices des événements liés à la vie des peuplements (Rondeux, 1999). Elles sont en général des histogrammes construits à partir des fréquences relatives de classes de diamètre d'amplitude égales (Arouna, 2012). Les amplitudes choisies sont de 10 cm. Au niveau des six secteurs, la structure diamétrique a été réalisée. Ce qui a permis de déterminer les classes de diamètres les plus représentées.

3.2.1.2.3. Spectres de distribution des espèces épargnées par secteur de la série de protection

- Types biologiques

Les spectres biologiques ont été déterminés à partir des formes de vie ou types biologiques. La classification adoptée est celle de Raunkiaer (1934). Les relevés phytoécologiques étant réalisés uniquement au niveau des espèces végétales ligneuses, les types biologiques concernent les phanérophytes. Ce sont des plantes dont les bourgeons persistants ou les pousses sont situées à une distance notable sur des axes aériens doués d'une persistance plus ou moins longue. Les différentes formes de phanérophytes sont :

- Phanérophytes (Ph)

Ce sont des plantes vivaces dont les pousses ou les bourgeons persistants sont situés sur les axes aériens plus ou moins persistants. On distingue parmi eux :

- les mégaphanérophytes (MPh) : arbres de plus de 30 m de haut;
- les mésophanérophytes (mPh) : arbres de 8 à 30 m de haut;
- les microphanérophytes (mph) : arbustes de 2 à 8 m de haut;
- les nanophanérophytes (nph) : sous arbuste de 0,4 à 2 m de haut;

- les phanérophytes lianescentes (Lph) ou grimpantes (Phgr), plantes volubiles à vrilles à racines crampons, rampantes et/ ou étagées.

- **Types phytogéographiques**

Ils sont été établis à partir des grandes subdivisions chorologiques admises pour l'Afrique (White, 1983). Les principaux types de distribution (TP) retenus sont :

- **espèces à large distribution géographique :**

Cos : Cosmopolites (espèces réparties à travers le monde entier);

AA : Afro-Américaines (espèces réparties en Afrique et Amérique tropicale);

Pal : Paléotropicales (espèces présentes en Afrique tropicale, en Asie tropicale, à Madagascar et en Australie);

Pan : Pantropicales (espèces réparties dans toutes les régions tropicales);

EI : Espèces Introduites (espèces cultivées ou subspontanées).

- espèces à distribution continentale :

Am : Afro-malgaches (espèces réparties en Afrique et à Madagascar);

At : Afro-tropicales (espèces réparties dans toute l'Afrique tropicale);

Pa : Plurirégionales africaines (espèces réparties dans plusieurs régions d'Afrique);

SZ : Soudano-Zambéziennes (espèces présentes à la fois dans la région soudanienne et dans la région zambézienne);

GC : Guinéo-Congolaises (espèces réparties dans la région guinéenne et le bassin du Congo;

S = espèces soudaniennes; espèces largement distribuées dans le Centre Régional d'Endémisme Soudanien.

- éléments bases

SG : Soudano-Guinéennes (espèces de liaison largement distribuées dans la zone de transition régionale guinéo-soudanienne.

3.3. Méthodes d'analyse de la perception des groupes socioprofessionnels sur les facteurs de menace et de pression des ligneux de la série de protection

Les enquêtes socio-économiques ont été réalisées afin d'avoir le point de vue des populations sur les facteurs directs et indirects de la dégradation des ligneux dans la série de protection.

3.3.1. Outils et données collectées relatives à la perception des populations sur les facteurs de menace et de pression des ligneux de la série de protection

Le questionnaire a été l'outil principal utilisé. Il a permis de collecter les informations tels que : l'activité principale et secondaire des enquêtés, leur origine (autochtone ou allochtone), la connaissance ou non de la limite des Monts Kouffé, la connaissance ou non de la série de protection, les facteurs directs et indirects de dégradation des ligneux, le poids de chaque facteur dans la dégradation des ligneux, les raisons qui sous-tendent le poids accordé à chaque facteur.

3.3.2. Echantillonnage lié à la perception des populations sur les facteurs de menace et de pression des ligneux de la série de protection

Les statistiques sur l'effectif des principaux acteurs (agriculteurs, charbonniers, éleveurs et exploitants de bois d'œuvre) dont les activités affectent directement les ligneux de la série de protection des Monts Kouffé n'étant pas disponibles, une pré-enquête a été effectuée afin d'identifier ces différents acteurs par secteur. Seuls les agriculteurs ayant leurs champs dans ou proches de la série de protection ont été recensés. De même, seuls les charbonniers exploitant dans la série de protection ou proches ont été pris en compte. En ce qui concerne les exploitants de bois d'œuvre et les éleveurs, leur recensement a été fait respectivement avec l'appui du président des exploitants de bois d'œuvre et le président des éleveurs. Cette enquête a permis de recenser 587 acteurs (tableau II).

Tableau II : Répartition des enquêtés par catégories socioprofessionnelles

Catégories socioprofessionnelles	Effectif	Pourcentage (%)
Agriculteurs	183	31,17
Charbonniers	177	30,15
Exploitants de bois d'œuvre	75	12,78
Eleveurs	152	25,9
Total	**587**	**100**

Source : Travaux de terrain, avril 2013

3.3.3. Technique de collecte des données liées à la perception des populations sur les facteurs de menace et de pression des ligneux de la série de protection

Les travaux d'inventaire forestier réalisés dans le cadre de l'objectif spécifique n°1ont permis, grâce à l'observation directe sur le terrain, d'identifier les facteurs directs qui affectent la végétation ligneuse dans la série de protection. Il s'agit de l'agriculture, de la carbonisation, de l'élevage, des feux de végétation, de l'exploitation du bois d'œuvre et de l'érosion. Une enquête exploratoire à travers les villages riverains des Monts Kouffé a permis de répertorier les facteurs indirects qui commandent les déterminants directs précédemment évoqués. Ce sont : la pauvreté monétaire, la croissance démographique, l'occupation des terres par les anacardiers, l'appauvrissement des terres, la faible implication de l'État dans la gestion des forêts et la pression des marchés du bois. L'ensemble de ces facteurs (directs et indirects) regroupés dans un tableau (annexes 3, 4, 5, 6) sous forme de questionnaire a été adressé aux quatre (4) groupes socioprofessionnels usagers de la série de protection. L'interview par enquêteur et spécifiquement le face-à-face a été utilisée, car il permet d'atteindre le plus fort taux de réponses au plus grand nombre de questions (Ghiglione & Matalon, 1978; Combessie, 2001; Sogbossi, 2010; Arouna, 2012; Inoussa *et al.*,

2013). Sur ce, chaque enquêté a été invité à distribuer 10 points sur chacun des facteurs (directs et indirects) selon son importance dans la dégradation des ligneux de la série de protection (Nguenang *et al.,* 2010 ;.Kiansi, 2011).

Après ces entretiens individuels, des focus groups ont été animés avec les groupes socioprofessionnels (photos 1 et 2) usagers de la série de protection. Le but poursuivi ici est d'avoir une perception croisée de tous les acteurs dont les activités touchent la dégradation de la végétation. Ainsi, 24 focus groups à raison de 5 à 7 enquêtés par groupe ont été animés sur l'ensemble des six compartiments du secteur d'étude.

 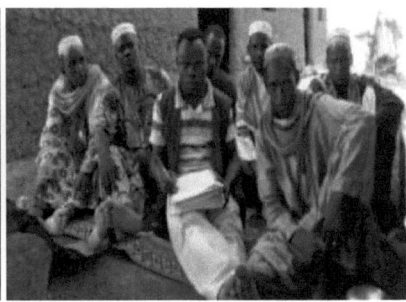

Photo 1 : Séance de discussion avec les agriculteurs à Kprèkètè

Photo 2 : Séance de discussion avec les éleveurs peulhs à Akpassi

Prise de vue : GBAGUIDI, avril 2012

Les photos 1 et 2 montrent des séances de discussion de group avec les acteurs impliqués dans la dégradation des ligneux des Monts Kouffé. Lesdites séances permettent de collecter le point de vue de ces acteurs sur l'impact de leur activité sur les ligneux.

3.3.4. Traitement des données relatives à la perception des populations sur les facteurs de menace et de pression des ligneux de la série de protection

Les notes attribuées par les enquêtés à chaque facteur direct et indirect de pression sur la végétation ligneuse de la série de protection ont été regroupées par catégories socioprofessionnelles. Le score moyen du facteur f noté (S_{m_f}) a pour formule : $S_{m_f} = \frac{1}{n}\sum_{j=1}^{n} S_j^i$ (Nguenang *et al.*, 2010;.Kiansi, 2011).

S_{m_f} : Score moyen du facteur f ; S_j^i Score attribué au facteur f par l'enquêté j dans la catégorie i d'acteurs ; n : Nombre total d'enquêtés dans la catégorie considérée.

Un classement des différents facteurs a été fait sur la base du score moyen en fonction des catégories en prenant comme facteur de rang 1 celui qui possède le plus grand score moyen. Ces facteurs ont été donc classés selon l'ordre décroissant des scores moyens obtenus.

Par ailleurs, pour vérifier la pertinence du point de vue des enquêtés qui estiment que, l'appauvrissement des terres dans les terroirs riverains des Monts Kouffé est un facteur de pression sur les ligneux de la série de protection, le coefficient L d'Allan a été calculé par secteur. Ce coefficient a pour formule :

$$L = \frac{C + J}{C}$$ (Allan, 1965) Avec C : Nombre d'années de mise en culture;

J : Nombre d'années de mise en jachère.

- Si L ≥ 5 alors, la terre est bien exploitée et ne subit aucune pression.
- Si L < 5 alors, la terre est surexploitée.

✓ **Test statistique**

Les scores de dégradation attribués par les enquêtés ont subi une transformation de Box-Cox afin d'assumer l'hypothèse de normalité et d'égalité de variance. Le test d'ANOVA a été utilisé pour comparer les scores moyens entre facteurs au sein d'une même catégorie d'acteurs mais aussi d'une catégorie à une autre. Ensuite, l'homogénéité des scores moyens a été faite en utilisant le test de Scheffé (1959). Ce test a été choisi afin de parer à l'inégalité des effectifs par catégorie d'acteurs. Enfin, pour attester la différence de classification des facteurs de pression par catégorie d'acteurs, le test de rang de Kendall a été utilisé.

3.4. Méthodes d'évaluation de l'efficacité des structures de cogestion à l'exécution du Plan d'Aménagement Participatif

L'efficacité des structures de cogestion a été évaluée à travers leur performance dans la réalisation des activités qui leur ont été confiées par la population et l'administration forestière. Il en est de même des prestataires devant leur apporter des compétences techniques.

3.4.1. Population cible

Elle comprend :

- les structures de cogestion (CVDD, CEGRN, CRDRN), chargées de mettre en œuvre les activités contenues dans le plan d'aménagement participatif;
- les prestataires de PAMF regroupant les Confréries Villageoises des Chasseurs (CVC), les Comités Villageois de suivi des Actions pilotes d'aménagement et de Gestion des Ressources Naturelles (CVAGRN) et les pépiniéristes. Ceux-ci apportent des compétences techniques aux structures de cogestion, notamment la surveillance de la forêt, l'enrichissement des trouées et la production des plants;
- les représentants de l'État, constitués par les Chefs Postes Forestiers (CPF) des villages riverains des Monts Kouffé, des Chefs d'Unité d'Aménagement (CUA) et des Agents de Développement Local (ADL). Ils supervisent les travaux d'aménagement forestier.

Ces trois groupes ont été ciblés parce que selon le PAP MK (2007), ils devraient travailler en symbiose afin de mieux gérer les ressources des Monts Kouffé. Ainsi, plusieurs données ont été collectées auprès de cette population.

3.4.2. Données collectées

3.4.2.1. Données collectées auprès des structures de cogestion

Elles concernent le rôle des structures de cogestion, leur organisation et leur fonctionnement, les activités contenues dans leur cahier de charge, leurs relations avec les prestataires et les représentants de l'État, leurs forces et leurs limites.

3.4.2.2. Données collectées auprès des prestataires

Elles concernent leurs relations avec les structures de cogestion, les principaux facteurs qui les ont motivés à aménager la forêt classée des Monts Kouffé pendant le projet PAMF, les forces et les limites des structures de cogestion.

3.4.2.3. Données collectées auprès des représentants de l'État (CUA, ADL et CPF)

Il s'agit essentiellement des activités menées pour pérenniser les acquis du projet, les forces et les limites des structures de cogestion.

3.4.3 Échantillonnage pour l'évaluation de l'efficacité des structures de cogestion

Deux travaux de terrain ont permis de constituer la base de l'échantillonnage. D'abord, la recherche documentaire (données secondaires) a permis d'avoir une liste exhaustive des membres des structures de cogestion des ressources forestières (CVDD, CEGRN et CRDRN). Ensuite, une enquête exploratoire dans le milieu d'étude a permis de recenser les prestataires (CVAGRN, CVC et pépiniéristes) et les représentants de l'État (Chefs d'Unité d'Aménagement, Chefs Postes Forestiers et ADL). Compte tenu du nombre limité des acteurs impliqués dans la cogestion des ressources des naturelles, un échantillonnage exhaustif a été réalisé (tableau III). En effet, selon Danne *et al*. (1992), il vaut mieux impliquer tous les membres dans la recherche si la population est de taille restreinte.

Tableau III : Échantillonnage d'évaluation de l'efficacité des structures de cogestion

Communes	Villages	Prestataires			Structures de cogestion			Représentants de l'État		
		CVC	CVAGRN	Pépiniériste	CVDD	CEGRN	CRDRN	ADL	CUA	CPF
Bassila	Aoro	10	5	2	10					
	Biguina	10	5	2	10	5	2	1	2	3
	Kprèkètè	10	5	2	10					
Bantè	Okouta-Ossé	10	5	2	10					
	Pira	10	5	2	10					
	Akpassi	10	5	2	10					
	Banon	10	5	2	10	5	2	1	2	3
	Bantè	10	5	2	10					
	Bobè	10	5	2	10					
	Assaba	10	5	2	10					
	Djagbalo	10	5	2	10					
Total		**110**	**55**	**22**	**110**	**10**	**4**	**2**	**4**	**6**

Source : Travaux de terrain, avril 2012

De l'observation du tableau III, il ressort que 323 personnes impliquées dans la pérennisation des acquis du projet PAMF ont été enquêtées. Il s'agit de 187 prestataires soit 58 %, 124 membres des structures de cogestion soit 38 % et 12 représentants de l'État soit 4 %. Les prestataires sont les plus représentatifs parce qu'ils sont chargés d'exécuter les travaux du terrain nécessitant une main d'œuvre importante alors que les structures de cogestion et les représentants de l'État contrôlent et supervisent les travaux d'aménagement forestier.

3.4.4. Technique d'évaluation de l'efficacité des structures de cogestion

Pour évaluer l'efficacité des structures de cogestion, les membres desdites structures ainsi que les prestataires qui leur apportent des compétences techniques ont été soumis à un test d'auto-évaluation. Celui-ci consiste à demander à l'enquêté d'attribuer une note de réalisation aux différentes activités contenues dans son cahier de charge (annexe 9). Cette note varie de 0 à 10 points. Lorsque la note attribuée à une activité est en-dessous de 5 points, alors l'activité n'a pas été moyennement réalisée. Si au contraire, elle est supérieure ou égale à 5 points, alors l'activité est moyennement réalisée. Cette technique avait été utilisée par Oliver et Gentry cités par Nguenang *et al.* (2010) pour évaluer l'importance des forêts secondaires pour la collecte des plantes utiles chez les *Badjoué* de l'est Cameroun.

Pour évaluer les forces et les limites des structures de cogestion, les représentants de l'État (CPF, CUA, ADL), les membres des structures de cogestion et les prestataires ont été interviewés individuellement.

3.4.5. Hiérarchisation des facteurs de motivation des prestataires pour l'aménagement de la forêt classée pendant la phase active du projet PAMF

Les facteurs de motivation ont été d'abord inventoriés lors d'une pré-enquête auprès des prestataires. Les plus importants cités sont :

i) gagner de l'argent;

ii) bénéficier des infrastructures sociocommunautaires promises par le projet;

 iii) volontariat.

Ensuite, les prestataires ont été soumis à un vote individuel. Il s'est déroulé à la façon d'un jeu où l'enquêté est invité à classer par ordre de priorité les éléments de motivation identifiés. En effet, l'enquête par ''vote individuel'' a pour objectif principal, d'établir par individu enquêté, un ordre de priorité dans les facteurs importants de motivation (Hounhinto, 2011).

Enfin, il a été demandé aux enquêtés de justifier les raisons qui motivent le classement de leurs priorités.

3.4.6. Traitement des données d'évaluation de l'efficacité des structures de cogestion à l'exécution du Plan d'Aménagement Participatif

Les données ont été dépouillées manuellement. Les scores moyens de réalisation des activités ont été calculés afin d'évaluer les scores d'efficacité des structures de cogestion.

3.4.6.1. Détermination du score moyen des activités

Le score moyen d'une activité est la moyenne des notes attribuées à l'activité par l'ensemble des enquêtés. Pour une activité ω, son score moyen noté S_ω est déterminé à partir de la formule suivante :

$S_\omega = \frac{1}{\alpha} \times \sum_{i=1}^{\alpha} A_{\omega i}$ Oliver et Gentry cités par Nguenang *et al.* (2010).

S_ω : Score moyen de l'activité ω; ou : $A\omega i$: Score attribué à l'activité ω par l'enquêté i et α : Nombre total d'enquêtés. A chaque score est affectée une modalité (tableau IV).

Tableau IV : Modalités, scores moyens et niveaux de réalisation des activités

Modalités	Scores moyens (S_ω)	Niveaux de réalisation
0	[0-2,5[	**Médiocre** (activité pas du tout réalisée)
1	[2,5-5[	**Assez-bon** (activité faiblement réalisée)
2	[5-7,5[	**Bon** (activité moyennement réalisée)
3	[7,5-10]	**Très bon** (activité régulièrement réalisée)

Source : Travaux de terrain, 2012

NB: L'intervalle des scores moyens a été déterminé à partir de la méthode des quartiles.

3.4.6.2. Détermination du Score d'efficacité (S_{eff}) d'une structure

L'efficacité d'une structure est sa capacité à pouvoir réaliser toutes les activités contenues dans son cahier de charge avec au moins un score moyen par activité supérieur ou égal à la moyenne ($S_\omega \geq 5$). Il s'agit donc de la moyenne à la moyenne du score moyen S_ω.

Le Score d'efficacité noté $S_{eff} = \frac{1}{\beta} \times \sum_{j=1}^{\beta} S_{\omega j}$. En remplaçant S_ω par sa valeur,

on a: $S_{eff} = \frac{1}{\beta} \times \sum_{j=1}^{\beta} S_{\omega j}$ ou $S_{eff} = \frac{1}{\beta} \times \sum_{j=1}^{\beta} \left(\frac{1}{\alpha} \times \sum_{i=1}^{\alpha} A_{\omega i} \right)_j$ Oliver et Gentry

cités par Nguenang *et al.* (2010).

S_{eff} : Score d'efficacité; $A_{\omega i}$: Score attribuer à l'activité ω par l'enquêté i ;

A : Nombre total d'enquêtés et β: Nombre total d'activités prévues pour une structure donnée (variable selon les structures).

Les données brutes ont été rendues normales par la transformation de Box et Cox avant les analyses statistiques dans SPSS 17.0 et MINITAB 14.0. Le test ANOVA à un facteur (Variante LSD : Least Significant Difference) de classification et le test-t de Student ont été utilisés pour comparer les scores moyens entre activités d'une part et entre structures de cogestion d'autre part.

Les tests homogénéité de Student-Newman-Keuls et de Scheffé ont été utilisés pour classer les scores en des groupes homogènes. Le test de Kruskal-Wallis pour la comparaison des activités dont les scores sont non normaux.

3.4.6.3. Analyse comparative du classement des facteurs de motivation des prestataires pour l'aménagement de la forêt classée des Monts Kouffé pendant la phase active du projet PAMF

Suivant le rang moyen obtenu par chaque élément lors de la compilation des données, les facteurs de motivation ont été classés par ordre de priorité. L'élément ayant obtenu le rang moyen le plus faible au premier rang, suivi des autres éléments en ordre croissant selon leur rang. Le test de concordance de rangs W de Kendall a permis de vérifier si le classement des éléments était homogène. Il s'agit de vérifier le degré de concordance entre les classements. En effet, le coefficient W de Kendall dont la marge de variation est comprise entre 0 et 1 est utilisé pour évaluer le degré d'accord (de concordance) entre les prestataires. Ce degré de concordance est d'autant plus élevé que la valeur du coefficient W est proche de 1. On considère que le niveau de consensus est élevé pour W = 0,7 et acceptable à partir de W = 0,5 (Schmidt, 1997).

• Principe

Le principe est appliqué pour chaque catégorie de prestataires. Les séries indépendantes de rangs données par les enquêtés aux facteurs de motivation sont résumées dans le tableau (V).

Tableau V : Principe de calcul du coefficient de concordance de rangs W de Kendall

Motivations / Enquêtés	1	2	…	i	…	N
1	R11	R12	…	R1i	…	R1n
2	R21	R22	…	R2i	…	R2n
…	…	…	…	…	…	…
J	Rj1	Rj2	…	Rji	…	Rjn
…	…	…	…		…	…
K	Rk1	Rk2	…	Rki	…	Rkn
Total Ri	**R1**	**R2**	**…**	**Ri**	**…**	**Rn**

Source : Schmidt, 1997

Rji est le rang attribué par l'enquêté j au facteur de motivation i

j = 1 à k avec k = nombre d'individus ayant classé les facteurs de motivations;

i = 1 à n avec n = nombre de facteurs de motivation classés. $Ri = \sum_{j=1}^{k} Rji$ (Schmidt, 1997).

Pour calculer W, la somme des rangs Ri de chaque colonne du tableau a été d'abord faite. Ensuite, les Ri ont été sommés puis cette somme a été divisée par n pour obtenir la valeur moyenne de Ri. Enfin, les déviations entre chaque Ri et la valeur moyenne ont été calculées et les carrés de ces déviations ont été sommées pour obtenir S.

$$S = \sum_{i=1}^{n} \left(R_i - \frac{\sum_{i=1}^{n} R_i}{n} \right)^2$$

Le coefficient de concordance des rangs W de Kendall est calculé par la formule suivante (Howell *et al.*, 2007) : $W = \frac{S}{\frac{1}{12}k^2(n^3-n)}$

Pour n ≥ 7, la signification de la valeur de W est testée à partir de la valeur de Chi-deux (χ^2), qui est calculée comme suit :

$\chi^2_{n-1} = $ k (n-1) W ; avec n-1 le degré de liberté.

- **Analyse des résultats**

Le modèle SWOT (Strengths, Weaknesses, Opportunities and Threats) ou FFOM (Forces, Faiblesses, Opportunités et Menaces) a été utilisé pour évaluer les forces et les limites des structures locales de cogestion. Il a permis d'identifier dans un premier temps, les potentialités et les contraintes des structures locales de cogestion (facteurs internes) et dans un second temps, les opportunités et les menaces (facteurs externes). Ce modèle a permis également de définir des stratégies efficaces pouvant permettre de maximiser les forces et les opportunités, de minimiser l'impact des faiblesses et menaces et, si possible, de les transformer en forces ou opportunités.

Conclusion partielle

En somme, la première partie de cette recherche est composée de trois chapitres. Le premier a d'abord présenté le projet de recherche à travers les constats qui fondent la pertinence du choix de la série de protection. Face à ces constats, des hypothèses ont émises, ce qui a permis de formuler des objectifs. Certains concepts et termes clés ont été clarifiés afin de faciliter la compréhension de cette thèse. Quant au deuxième chapitre, il est consacré à la présentation du milieu d'étude qu'est la série de protection. Cette dernière fait partie de la forêt classée des Monts Kouffé, mais prend en compte spécialement les écosystèmes forestiers qui bordent le principale cours d'eau Adjiro. Les caractéristiques biophysiques et socio-économiques du milieu d'étude ont été présentées. Enfin, dans le troisième chapitre, l'inventaire des ligneux (abattus et morts sur pieds, épargnés et émondés) a été fait afin de déterminer les facteurs de menace et de pression sur les ressources de la série de protection. Les enquêtes socio-économiques ont été menées auprès des groupes socioprofessionnels afin d'analyser leur perception sur les déterminants de la dégradation des ligneux du milieu d'étude. Les structures de cogestion chargées d'exécuter le plan d'aménagement participatif ont été évaluées sur la base des scores d'efficacité. Le traitement de toutes ces données a permis d'obtenir les résultats présentés dans la deuxième et troisième partie de ce document.

DEUXIÈME PARTIE :
PRÉSENTATION DES RÉSULTATS

Suite à la presentation du cadre théorique, du milieu d'étude et de l'approche méthodologique dans la première partie de ce document, la deuxième partie organisée en trois chapitres, présente respectivement les facteurs directs de pression sur les ligneux de la série de protection, la caractérisation de la végétation épargnée par les pressions et la perception des groupes socioprofessionnels sur les déterminants de la dégradation des ligneux.

CHAPITRE IV : FACTEURS DIRECTS DE PRESSION SUR LES LIGNEUX DE LA SÉRIE DE PROTECTION DES MONTS KOUFFÉ

Ce chapitre présente les activités responsables de la perte des ligneux ainsi que leur importance dans la dégradation du couvert végétal.

4.1. Série de protection, un écosystème en pleine destruction

Bien que le plan d'aménagement participatif des Monts Kouffé soit en exécution, les espèces ligneuses de la série de protection subissent d'importantes pressions entraînant progressivement leur disparition. Sur 5128 pieds d'espèces inventoriés, 3668 soit 72 % sont épargnés contre 1460 soit 28 % abattus et morts sur pieds. Le potentiel ligneux de la série de protection est en pleine régression, ce qui est dû à plusieurs facteurs.

4.1.1. Facteurs directs de perte des ligneux de la série de protection

Dans la série de protection des Monts Kouffé, cinq (5) facteurs de menace et de pression sur les ligneux ont été identifiés. Il s'agit de l'agriculture, de l'exploitation du bois d'œuvre, de la carbonisation, de l'érosion et du pâturage. Les quatre (4) premiers facteurs entraînent la perte définitive des ligneux alors que le dernier menace les arbres sans toutefois entraîner leur disparition. La perte des 28 % individus inventoriés est due à ces quatre facteurs (figure 6).

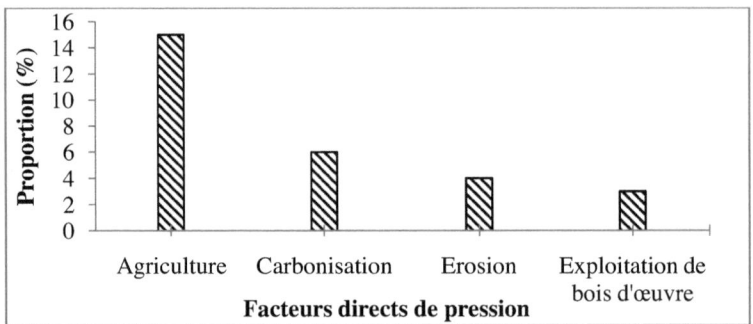

Figure 6 : Importance des facteurs de pression sur les ligneux de la série de protection

De l'analyse de la figure 6, il ressort que les facteurs directs de la dégradation des ligneux sont d'ordres anthropique et naturel. Les facteurs anthropiques regroupent l'agriculture, la carbonisation et l'exploitation de bois d'œuvre, tandis que le facteur naturel est l'érosion. La perte des ligneux est due essentiellement aux facteurs anthropiques. L'agriculture est le facteur le plus destructif de la série de protection suivie de la carbonisation et de l'exploitation de bois d'œuvre.

4.1.1.1. Expansion de l'agriculture, un facteur direct largement prépondérant de la perte des ligneux

L'agriculture s'est révélée le facteur direct contribuant à 15 % de la perte des ligneux. En effet, la série de protection est en grande partie occupée par les champs d'ignames. Cette culture se place en tête de la rotation, car elle exige des terres fertiles riches en espèces ligneuses. Elle est également une culture hautement héliophile exigeant des espaces ouverts. Par conséquent, les agriculteurs abattent presque tous les arbres afin de permettre un meilleur ensoleillement de la parcelle.

4.1.1.1.1. Diamètre des espèces abattues par les agriculteurs, un risque pour la reconstitution du peuplement ligneux

L'agriculture telle qu'elle est menée dans les terroirs riverains des Monts Kouffé en général et dans la série de protection des Monts Kouffé en particulier, contribue à la perte énorme des ligneux. En effet, tous les individus sont incinérés sans distinction de diamètre (figure 7).

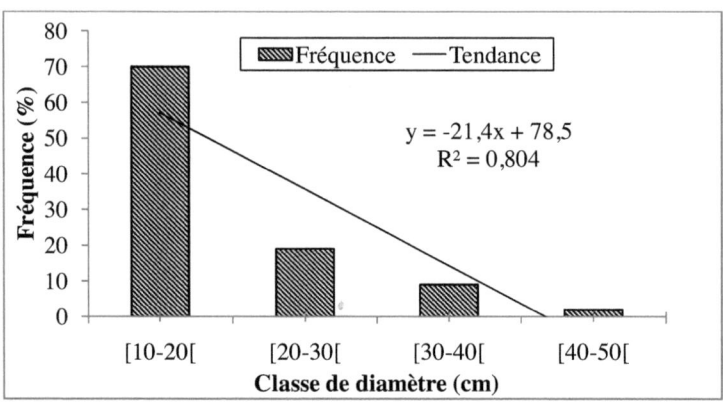

Figure 7: Structure diamétrique des espèces abattues par les agriculteurs dans la série de protection

La figure 7 montre la fréquence des espèces abattues par les agriculteurs selon les classes de diamètre. La relation qui lie cette fréquence aux classes de diamètre est traduite par l'équation linéaire $y = -21,4x + 78,5$. Le coefficient de détermination $R^2 = 0,804$ exprime que 80,4 % des fréquences des espèces abattues par les agriculteurs est expliqué par cette équation. Le coefficient $-21,4$ (négatif) signifie que la fréquence et le diamètre des arbres sont corrélés négativement. Autrement dit, si le diamètre augmente, la fréquence diminue. Les espèces de gros diamètre sont donc rarement abattues par les agriculteurs. Cela ne veut pas dire que les agriculteurs font un abattage sélectif. C'est plutôt la raréfaction des gros arbres sur les parcelles qui explique leur faible abattage. Le peuplement de la série de protection est donc jeune. L'abattage systématique des individus de petits diamètres par les agriculteurs, constitue un risque pour sa reconstitution. De même, l'incinération des individus de gros diamètre entraîne la perte des semenciers, lesquels préservés, produiraient des fruits permettant la pérennisation du patrimoine génétique.

4.1.1.2. Carbonisation, une activité destructrice des ligneux

La carbonisation prend de l'ampleur dans les villages riverains des Monts Kouffé. Les ligneux de la série de protection ne sont pas épargnés de cette pression. La technique de fabrication du charbon répandue dans les six (6) secteurs est basée sur l'utilisation de la meule aérienne. Elle consiste à mettre les bois en tas et à les couvrir d'une mince couche de feuilles ou d'herbes d'abord, puis d'une couche de terre humide. Ensuite, un orifice y est crée facilitant la combustion par l'oxygénation. Enfin, après quatre (4) jours en moyenne, la récupération se fait suivie de l'ensachage. La planche 1 illustre une bonne partie du processus décrit.

Prosopis africana mis en tas pour la carbonisation à Diagbalo   Couverture du tas par une mince couche de feuille et de terre humide

Récupération du charbon par les enfants   Ensachage du charbon

Planche 1: Etapes de la carbonisation par la meule aérienne
Prise de vue : ODJOUBERE, avril 2012

La photo a montre des morceaux de bois de *Prosopis africana* mis en tas pour la carbonisation. La photo b montre la couverture complète du bois par la terre. Il s'agit d'un four de carbonisation. Très pénible pendant la saison sèche, la réalisation de celui-ci oblige les femmes à exploiter les essences proches du cours d'eau Adjiro créant ainsi les trouées dans la série de protection. Ceci permet d'utiliser les eaux de cette rivière pour humecter la terre servant à couvrir les bois mis en tas. La photo c montre les enfants en tain de récupérer le charbon. La photo d présente des sacs de charbons destinés à la commercialisation.

4.1.1.2.1. Acteurs impliqués dans la fabrication du charbon

Deux (2) acteurs sont principalement impliqués dans la fabrication du charbon. Il s'agit des producteurs occasionnels et les producteurs professionnels.

- **Carbonisateurs occasionnels**

Les charbonniers occasionnels sont en général les autochtones ou les colons agricoles qui ont longtemps séjourné dans les villages riverains des Monts Kouffé. Ils regroupent les Nago, les Peulh, les Kabyè, les Otamarie, les Lokpa et les Pila-pila ayant pour activités principales l'agriculture et l'élevage. Ces charbonniers occasionnels existent dans tous les villages riverains des Monts Kouffé. La hache est l'outil principal utilisé pour abattre les arbres contrairement aux charbonniers professionnels qui utilisent la tronçonneuse pour sélectionner les espèces de gros diamètre.

- **Carbonisateurs professionnels**

Ils sont généralement les allochtones venus de Djidja, de Zakpota, de Bohicon, de Dassa-Zoumé, etc. Installés dans deux secteurs à savoir : Bobè et Akpassi, ces charbonniers sont parrainés par des grossistes allochtones. Ces derniers, avec la complicité des populations locales, installent les charbonniers professionnels dans la série de protection où ils construisent des cabanes précaires (photos 3 et

4). Parfois, les carbonisateurs professionnels se déplacent avec leur famille y compris les personnes de troisième âge qui assurent le gardiennage des enfants dans les cabanes.

Photo 3 : Habitations précaires des charbonniers professionnels dans la série de protection à Djagbalo

Photo 4 : Habitations précaires des charbonniers professionnels dans la série de protection à Akpassi

Prise de vue : ODJOUBERE, avril 2012

Les photos 3 et 4 montrent des cabanes construites par les charbonniers professionnels dans la série de protection. Les ligneux qui les entourent sont abattus créant des trouées dans la série de protection. Ces cabanes, tout comme les sites de carbonisation, contribuent à la fragmentation de la série de protection.

Généralement, avant le démarrage de l'activité de carbonisation, un contrat est signé entre le grossiste et le carbonisateur professionnel d'une part et les populations locales et le grossiste d'autre part. La totalité de la production de charbon doit être vendue au grossiste à un prix variant entre 900 et 1000 F CFA le sac de 70 kg. L'alimentation du charbonnier et les frais de transport des sacs de charbon sont à la charge du grossiste. Une taxe de 100 F CFA par sac de charbon est versée aux propriétaires terriens.

4.1.1.2.2. Espèces sélectionnées par les charbonniers dans la série de protection

Neuf (9) espèces sont sélectionnées par les charbonniers dans la série de protection. Il s'agit de : *Anogeissus leiocarpa, Burkea africana, Combretum molle, Detarium microcarpum, Prosopis africana, Lophira lanceolata, Pterocarpus erinaceus, Terminalia avicennioides* et *Vitellaria paradoxa*. Les espèces sollicitées varient d'un secteur à un autre (tableau VI).

Tableau VI : Espèces carbonisées par secteur de la série de protection

Secteurs	Espèces carbonisées	Nombre total d'espèces
Aoro	*Anogeissus leiocarpa, Burkea africana, Prosopis africana* et *Vitellaria paradoxa*	4
Biguina	*Burkea africana* et *Prosopis africana*	2
Kprèkètè	*Burkea africana, Pterocarpus erinaceus* et *Prosopis africana*	3
Okouta-Ossé	*Anogeissus leiocarpa, Burkea africana, Combretum molle, Detarium microcarpum, Pterocarpus erinaceus, Prosopis africana, Vitellaria paradoxa* et *Terminalia avicennioides*	8
Akpassi	*Burkea africana, Prosopis africana, Lophira lanceolata* et *Vitellaria paradoxa*	4
Bobè	*Burkea africana, Pterocarpus erinaceus, Prosopis africana* et *Vitellaria paradoxa*	4

Source : Travaux de terrain, avril 2012

L'observation du tableau VI montre que deux (2) espèces sont sélectionnées dans 100 % des secteurs de la série de protection. Il s'agit de : *Prosopis africana* et *Burkea africana*. Elles sont reconnues comme des essences les plus dures et de ce fait très convoitées par les charbonniers.

Dans le secteur Okouta-Ossé, un grand nombre d'espèces est sélectionné. Cette situation se justifie par plusieurs raisons : les populations de ce secteur auraient démarré la carbonisation depuis 1987 alors que celles des autres secteurs auraient commencé vers les années 2000. En 1987, *Prosopis africana* était quasiment la seule espèce exploitée. Suite à sa raréfaction et à la forte implication des populations d'Okouta-Ossé dans la carbonisation, les acteurs se sont interressés à de nouvelles essences telles que : *Burkea africana* et *Pterocarpus erinaceus*. La raréfaction de ces dernières a entraîné à son tour la sélection de *Vitellaria paradoxa*, *Anogeissus leiocarpa*, *Terminalia avicennioides* et *Combretum molle*.

Dans les secteurs de Biguina et Kprèkètè, la carbonisation n'a pas encore pris de l'ampleur. Les arbres verts ne sont pas encore abattus. Selon les travaux de terrain, les populations de ces deux secteurs sont plus habituées à l'exploitation du bois d'œuvre qu'à la carbonisation. Dans les trois autres secteurs à savoir : Aoro, Akpassi et Bobè, la carbonisation a été une activité récente qui aurait pris de l'ampleur après la fin de la première phase de PAMF en 2007. Toutefois, les arbres verts sont les plus abattus.

Par ailleurs, la sélection des espèces carbonisées suit une certaine logique : lorsque les essences les plus recherchées deviennent rares, la pression s'exerce sur de nouvelles, autrefois non exploitées. Il s'agit d'une substitution, mais une substitution complémentaire car les premières espèces sont toujours exploitées lorsqu'elles sont identifiées dans la forêt. Suivant cette logique, certaines espèces telles que : *Prosopis africana*, *Burkea africana* et *Pterocarpus erinaceus* risquent de disparaître définitivement et celles qui ne sont pas encore exploitées comme : *Isoberlinia doka*, *Daniellia oliveri*, *Lannea acida* et même *Ficus sycomorus* le seront d'ici quelques années.

4.1.1.2.3. Diamètre carbonisé, un risque pour les espèces sélectionnées

Divers diamètres d'arbre sont abattus par les charbonniers (figure 8) et ceci en fonction du matériel de coupe utilisé.

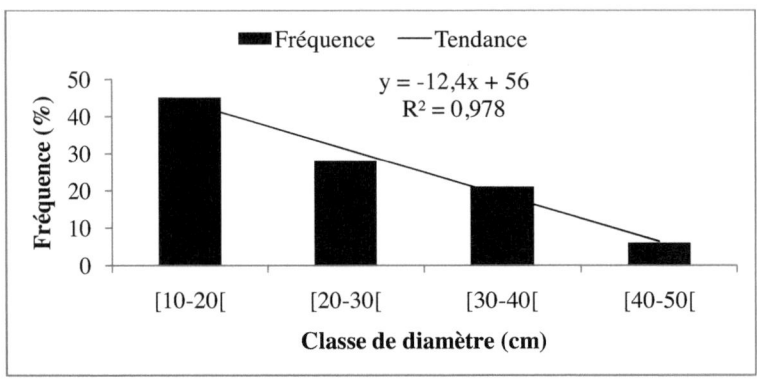

Figure 8 : Classe de diamètre des arbres carbonisés dans la série de protection
Source : Enquêtes de terrain, avril 2012

De l'analyse de la figure 8, il ressort que les charbonniers sélectionnent aussi
bien les arbres à gros diamètre que ceux ayant de petits diamètres. La relation
qui lie la fréquence de sélection aux classes de diamètre est traduite par
l'équation linéaire y = -12,4x+56. Le coefficient de détermination $R^2 = 0,978$
exprime que 97,8 % des fréquences des espèces sélectionnées par les
charbonniers est expliqué par cette équation. Le coefficient -12,4 (négatif)
signifie que la fréquence et le diamètre des arbres sélectionnés sont corrélés
négativement. La fréquence des arbres à gros diamètre est faible. La pression
des charbonniers est plus forte sur les arbres de petit diamètre. En effet, la
majorité des charbonniers utilise la hache pour abattre les arbres. Avec ce
matériel, il leur est moins pénible de couper les petits diamètres que les gros. La
tronçonneuse est utilisée pour abattre les gros diamètres (planche 2), mais, un
grand nombre de charbonniers n'y a pas recours car ne voulant point s'exposer
aux amendes des forestiers et aux dépenses inhérentes à l'utilisation de cet outil.

Souche de *Prosopis africana*
carbonisé à Okouta-Ossé

Souche de *Anogeissus leiocarpa*
carbonisé

Bois de *Anogeissus leiocarpa* coupé
à la tronçonneuse à Aoro

Souche *de Lophira lanceolata
carbonisé à* Akpassi

Planche 2 : Quelques espèces ligneuses coupées à la tronçonneuse dans la série
de protection
Prise de vue : ODJOUBERE, avril 2012

La planche 2 montre les arbres abattus à la tronçonneuse par les charbonniers.
Les gros diamètres autrefois épargnés, sont aujourd'hui abattus grâce à cet outil
moderne et performant. L'utilisation de cet outil par les charbonniers constitue
une nouvelle source de ravage des arbres.

Outre la tronçonneuse qui accélère la destruction du couvert végétal, le four
traditionnel utilisé par 100 % des charbonniers riverains contribue à la perte des
ligneux.

4.1.1.2.4. Carbonisation, source de fragmentation de la série de protection

Dans la série de protection, la superficie S des fours de carbonisation recensés dans les 240 placeaux a été évaluée à 20474 m^2 soit 2 ha 474 m^2. L'extension successive de ces sites de carbonisation contribue à l'émiettement de la série de protection. Ces milieux dénudés sont exposés à l'érosion pluviale et éolienne, ce qui entraînera la perte des terres et l'ensablement de la rivière Adjiro.

4.1.1.3. Exploitation sélective de bois d'œuvre, source d'extinction de certaines espèces de la série de protection

La fin de la première phrase du projet PAMF est marquée par la reprise de l'exploitation du bois d'œuvre par les exploitants illégaux. Aucune série délimitée lors du zonage n'a été épargnée. De façon particulière, la série de protection représentant la ''porte d'entrée'' dans les Monts Kouffé, est fragmentée par des pistes de transport (photos 5 et 6) des produits forestiers construites par les chasseurs et les exploitants de bois d'œuvre.

Photo 5 : Un camion chargé de *Pterocarpus erinaceus* dans la série de protection (secteur Bobè)

Photo 6 : Un braconnier rencontré dans la série de protection (secteur Akpassi)

Prise de vue : ODJOUBERE, mai 2012

La photo 5 montre une piste et un camion transportant des madriers de *Pterocarpus erinaceus* dans la série de protection (secteur Bobè). La piste mesure environ 7 m de large (travaux de terrain). Le tracé de cette piste a entraîné sans doute la perte d'importantes espèces ligneuses. La photo 6 montre un braconnier surpris dans la série de protection. Il est en partance pour l'intérieur de la forêt classée. En dehors des animaux qu'ils abattent, les braconniers servent de guide aux exploitants de bois d'œuvre. Ce sont eux qui identifient les arbres puis orientent les exploitants pour leur abattage. Ils contribuent ainsi indirectement à la dégradation des ligneux.

Les espèces exploitées dans la série de protection sont sélectionnées et varient d'un secteur à un autre (tableau VII).

Tableau VII : Espèces exploitées comme bois d'œuvre par secteur de la série de protection

Secteurs	Espèces sélectionnées	Nombre total d'espèces
Aoro	*Pterocarpus erinaceus* et *Anogeissus leiocarpa*	2
Biguina	*Pterocarpus erinaceus* et *Anogeissus leiocarpa*	2
Kprèkètè	*Pterocarpus erinaceus* et *Anogeissus leiocarpa*	2
Okouta-Ossé	*Pterocarpus erinaceus, Anogeissus leiocarpa, Isoberlinia doka* et *Terminalia macroptera*	4
Akpassi	*Afzelia africana, Pteracarpus erinaceus, Anogeissus leiocarpa, Pseudrocedrela kotschyi, Ceiba pentandra* et *Isoberlinia doka*	6
Bobè	*Afzelia africana, Ceiba pentandra, Khaya senegalensis* et *Pterocarpus erinaceus*	4

Source : Travaux de terrain, avril 2012

De l'observation du tableau VII, il ressort que huit (8) espèces sont exploitées dans la série de protection. Il s'agit de *Afzelia africana, Anogeissus leiocarpa, Ceiba pentandra, Isoberlinia doka, Khaya senegalensis, Pterocarpus erinaceus, Terminalia macroptera* et *Pseudrocedrela kotschyi*.

Des espèces telles que : *Afzelia africana, Ceiba pentandra, Khaya senegalensis* et *Pseudrocedrela kotschyi* sont exploitées dans deux secteurs (Bobè et Banon) alors qu'aucune de ces espèces n'a été identifiée dans les quatre autres secteurs à savoir : Aoro, Biguina, Kprèkètè et Okouta-Ossé. Cette absence s'explique par une raréfaction consécutive à la surexploitation.

Pterocarpus erinaceus est selectionné dans tous les secteurs mais de façon prépondérante à Bobè et Banon. *Anogeissus leiocarpa* est aussi sollicité dans tous les secteurs mais plus à Aoro, Biguina, Kprèkètè et Okouta-Ossé.

Parmi les huit (8) espèces exploitées comme bois d'œuvre, la pression est actuellement forte sur *Pterocarpus erinaceus* (85 %) suivi de très loin par *Anogeissus leiocarpa* (6 %) (figure 9).

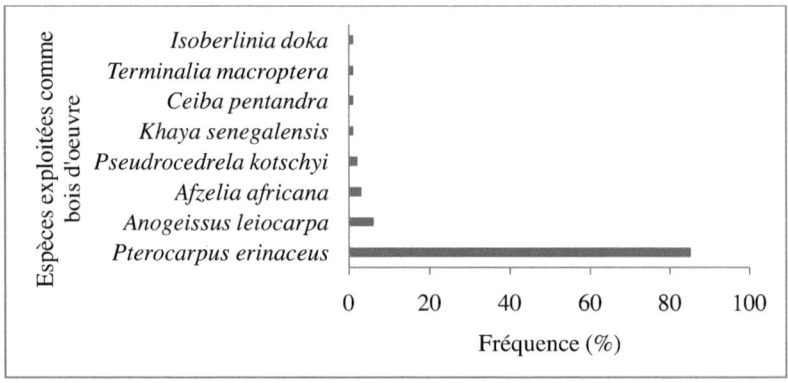

Figure 9 : Variation de la fréquence par espèce exploitée comme bois d'œuvre dans la série de protection
Source : Travaux de terrain, avril 2012

De l'analyse de la figure 9, il ressort que la quasi-totalité des espèces exploitées dans la série de protection est représentée par *Pterocarpus erinaceus* suivi de *Anogeissus leiocarpa*. La faible fréquence des espèces telles que *Afzelia africana, Ceiba pentandra* et *Khaya senagalensis* ne signifie pas qu'elles sont moins préférées par les exploitants. Au contraire, leur forte préférence a entraîné leur surexploitation et par conséquent, leur raréfaction dans la série de protection. S'agissant de *Pseudrocedrela Kotschyi, Isoberlinia doka* et

Terminalia macroptera, elles représentent les nouvelles essences en cours de sélection. Moins sollicitées par les commerçants des produits ligneux, leur exploitation est faible.

4.1.1.3.1. Fort abattage de *Pterocarpus erinaceus*, un risque pour l'espèce

L'exploitation de *Pterocarpus erinaceus* a pris de l'ampleur dans la forêt classée des Monts Kouffé. L'espèce est coupée et transportée vers Cotonou (photo 7) pour être convoyée en Chine.

Photo 7 : Un titan chargé de *Pterocarpus erinaceus* à Banon, en direction de Cotonou
Prise de vue : ODJOUBERE, avril 2012

La photo 7 montre un camion titan à 12 roues chargé de madriers de *Pterocarpus erinaceus*. Ce véhicule transporte environ 600 madriers (travaux de terrain). Or, selon les observations faites dur le terrain, un pied de *Pterocarpus erinaceus* fournit un madrier ou au plus deux. Ainsi, une cargaison de titan requiert l'abattage de 300 à 600 pieds de *Pterocarpus erinaceus*.

Par ailleurs, la forte pression exercée sur *Pterocarpus erinaceus* risque d'entraîner la perte définitive de l'espèce. D'abord, sa production en pépinière est souvent difficile. Ce qui ne permet pas de l'utiliser dans le reboisement. Ensuite, l'espèce se multiplie naturellement ou par les animaux qui disséminent des graines dans la nature par le biais de leurs excréments. Or, la faune est aujourd'hui en disparition. Enfin, *Pterocarpus erinaceus* est une espèce à croissance lente. L'âge moyen pour qu'elle soit exploitable est d'environ 50 ans (travaux de terrain, 2012).

4.1.1.3.2. Structure diamétrique de *Pterocarpus erinaceus* exploités

Divers diamètres sont exploités dans la série de protection. La plus petite classe de diamètre est comprise entre 24 et 33 cm alors que la plus grande classe est comprise entre 54 et 63 cm (figure 10).

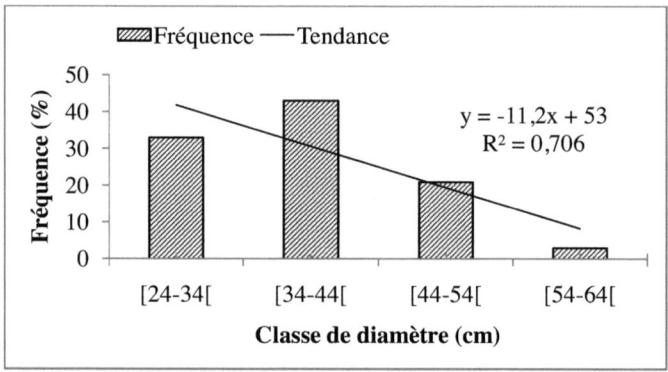

Figure 10 : Structure diamétrique de *Pterocarpus erinaceus* exploité

De l'analyse de la figure 10, il ressort que les exploitants de bois d'œuvre sélectionnent aussi bien les arbres à gros diamètre que de petits diamètres. A la différence des charbonniers, ils n'abattent pas les arbres de faible diamètre (10-20 cm). La relation qui lie la fréquence de sélection aux classes de diamètre est traduite par l'équation linéaire y = -11,2x + 53. Le coefficient de détermination R^2 = 0,706, exprime que 70,06 % des fréquences des espèces sélectionnées par les exploitants de bois d'œuvre est expliquée par cette équation. Le coefficient -11,2 (négatif) signifie que la fréquence et le diamètre des arbres sélectionnés sont corrélés négativement. La fréquence des arbres à gros diamètre est faible. La pression s'exerce plus sur les classes de diamètre compris entre 34 et 43 cm, contrairement à la classe des gros diamètres (44-53 et 54-63 cm). Ces dernières classes sont devenues rares dans la série de protection du fait de leur surexploitation.

En définitive, la majorité de *Pterocarpus erinaceus* abattue dans la série de protection a un diamètre inférieur à la norme d'exploitation requise au Bénin (60 cm au moins).

4.1.1.4. Erosion, un facteur naturel contribuant à la perte des ligneux de la série de protection

La facette topographique conditionne l'érosion, laquelle agit de façon spectaculaire sur les espaces à relief accidentel entraînant ainsi la perte des espèces ligneuses. La série de protection, bande bordant la berge de la rivière Adjiro, est soumise à l'action cumulative de l'érosion hydrique et d'inondations. Certaines espèces sont asphyxiées par inondation, d'autres déchaussées par érosion hydrique et d'autres encore tombent sous l'effet de sapement des berges de la rivière Adjiro (photo 8).

Photo 8 : Rive de la rivière Adjiro érodée (secteur Okouta-ossé)
Prise de vue : ODJOUBERE, novembre 2013

La photo 8 montre en avant plan, la rive de la rivière Adjiro érodée par l'eau. En arrière plan, est observé un arbre mort sur pied et déraciné sous l'action de l'eau. Les espèces mortes sur pieds sous l'action de l'eau sont composées en majorité de : *Prosopis africana*, *Vitellaria paradoxa*, *Combretum molle* et *Burkea africana*(figure11).

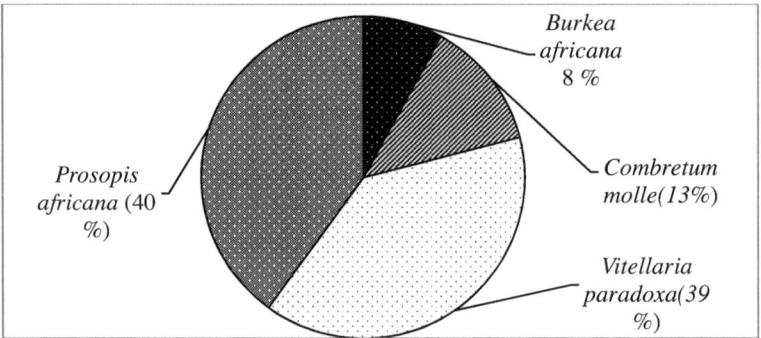

Figure 11 : Répartition territoriale des espèces mortes sur pied sous l'effet de l'eau

De l'analyse de la figure11, il ressort que dans la série de protection, *Prosopis africana* et *Vitellaria paradoxa* sont les plus vulnérables à l'eau. Ces espèces sont également sélectionnées par les charbonniers. Autant, elles disparaissent sous l'effet des actions anthropiques, autant, les facteurs naturels (l'eau) contribuent à leur perte. Ces deux facteurs peuvent précipiter de manière effarante leur perte définitive dans la série de protection.

4.1.1.5. Pâturage, une activité destructrice des espèces ligneuses de la série de protection

La série de protection abrite à la fois des ligneux et de l'eau, deux ressources de base dans l'alimentation du bétail. Pendant la saison sèche, le pâturage y est abondant et s'étale le long de la rivière Adjiro. Les signes (empreintes) du passage des bovins ont été observés dans 67 % des placeaux installés dans la série de protection. Les berges de la rivière Adjiro sont ainsi dénudées (photo 9) par le piétinement excessif des herbacées et des repousses d'arbres et arbustes.

Photo 9 : Scène d'abreuvement d'un troupeau de bœufs au bord de la rivière Adjiro (secteur Okouta-Ossé), facteur de dégradation et d'érosion des berges par piétinement
Prise de vue : ODJOUBERE, septembre 2013

La photo 9 montre la rivière Adjiro dans la série de protection des Monts Kouffé. En avant plan, est observée l'eau consommée aussi bien par les populations riveraines que les éleveurs. En arrière plan, sont observés les bœufs en train de s'abreuver. La berge de la rivière est dénudée par le passage régulier des bœufs, le broutage des pousses et repousses d'arbres et arbustes. L'état dégradé de la berge témoigne de l'importance des pressions sur les ligneux de la série de protection. L'excès de broutage et de piétinement dégrade les galeries forestières à proximité des points d'abreuvement.

Par ailleurs, trois (3) espèces sont émondées par les pasteurs dans la série de protection. Il s'agit de *Afzelia africana, Pterocarpus erinaceus* et *Khaya senegalensis*. La fréquence d'émondage varie selon les espèces (figure 12).

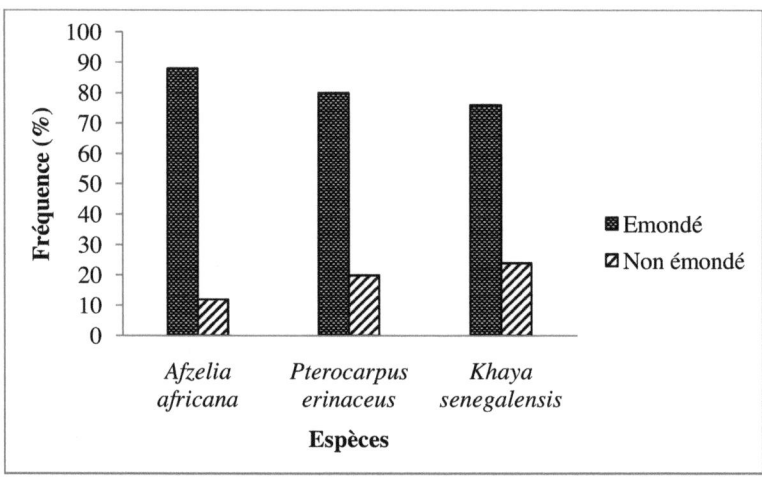

Figure 12 : Taux d'émondage des espèces appétées dans la série de protection

De l'analyse de la figure 12, il ressort que le taux d'émondage de *Afzelia africana* est plus élevé (88 %) suivi de celui de *Pterocarpus erinaceus* (80 %) et de *Khaya senegalensis* (76 %). La quasi-totalité des individus de ces 3 trois espèces a été émondée par les Peulhs. Même si l'émondage n'entraîne pas la perte définitive de l'arbre, il ralentit sa croissance. De graves menaces pèsent sur ces trois espèces dans la série de protection car, elles sont convoitées aussi bien par les Peulhs que les exploitants de bois d'œuvre.

4.1.1.5.1. Structure diamétrique des espèces émondées
Les diamètres des arbres émondés varient suivant les espèces (figure13).

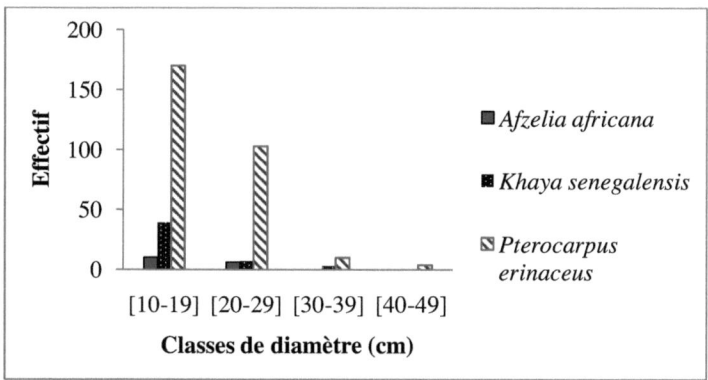

Figure13 : Structures diamétriques des espèces émondées

De l'analyse des figures 13, il ressort que les individus appartenant aux petites classes de diamètres (10-19 cm) et (20-29 cm) sont les plus émondés. Au-delà de ces classes, les individus sont rares voire absents (cas de *Afzelia africana*). Cette raréfaction des gros diamètres est due à leur abattage par les exploitants du bois d'œuvre. Par conséquent, les éleveurs sont obligés d'émonder les petits diamètres. Il s'agit donc d'une relation de cause à effet : lorsque les individus de gros diamètre deviennent rares, alors les Peulhs exercent de pression sur les petits diamètres. Cette pratique met ces trois espèces en danger dans la série de protection.

CHAPITRE V : CARACTÉRISATION DE LA VÉGÉTATION EPARGNÉE PAR SECTEUR DE LA SÉRIE DE PROTECTION

La série de protection des Monts Kouffé, malgré la pression des agriculteurs, des exploitants forestiers et des éleveurs, conservent une diversité non négligeable d'espèces. Ce chapitre présente par secteur, la composition floristique, la diversité spécifique, la densité des ligneux épargnés, les types biologiques et les types phytogéographiques.

5.1. Composition floristique et diversité spécifique des espèces épargnées dans le secteur Aoro

Le tableau VIII présente la composition floristique et les paramètres de diversité par secteur de la série de protection.

Tableau VIII : Composition floristique et paramètres de diversité par secteur de la série de protection

Secteurs	Nbr. Esp	Gr	Famille		Paramètres de diversité		
					R	H'	E
Aoro				m	6,83	4,51	
	41	40	18	cv	57,07	6,83	0,84
Biguina				m	5,35	4,17	
	31	29	10	cv	53,23	8,13	0,84
Kprèkètè				m	6,39	4,39	
	34	32	16	cv	60,77	6,96	0,86
Okouta-Ossé				m	8,75	4,39	
	36	35	17	cv	62,39	5,76	0,85
Akpassi				m	8,22	4,25	
	34	31	18	cv	38,81	5,59	0,83
Bobè				m	6,94	4,03	
	32	30	14	cv	32,19	6,33	0,81

Nbr. Esp : Nombre total d'espèces ; R : Richesse spécifique ; H' : Indice de Shannon; E : Equitabilité de Piélou ; m : Moyenne ; cv : Coefficient de variation en pourcentage; Gr : Genre
Source : Travaux de terrain, avril 2012

De l'observation du tableau VIII, il ressort que dans les secteurs de la série de protection, le nombre d'espèces varie de 31 à 41, le genre varie de 29 à 40 et la famille de 10 à18. Le nombre d'espèces est plus élevé à Aoro contrairement à Biguina où il est plus faible. Il en est de même pour le nombre de genre et de famille.

Les genres les plus représentés à Aoro sont : Combretun (5 %) et Lannea (5 %) et les familles les plus représentées sont les Leguminosae (61,11 %) et les Combretaceae (27,77 %).

A Biguina, les genres les plus représentés sont : Combretum (6,89 %) et Ficus (6,89 %) et les familles les plus représentées sont les Leguminosae (71,42 %) et les Combretaceae (28,57 %).

Dans le secteur Kprèkètè, les genres les plus représentés sont : Ficus (5,88 %) et Terminalia (5,88 %). Les familles les plus représentées sont les Leguminosae (32,35 %) et les Combretaceae (11,76 %).

Dans le secteur Okouta-Ossé, les genres les plus représentés sont : Terminalia (5,74 %) et Ficus (2,85 %) et les familles les plus représentées sont les Leguminosae (64,70 %) et les Combretaceae (23,52 %).

Dans le secteur Akpassi, les genres les plus représentés sont : Combretum (5,88 %) et Terminalia (5,88 %) et les familles les plus représentées sont les Leguminosae (29,41%) et les Combretaceae (17,65 %).

Enfin, à Bobè, les genres les plus représentés sont : Combretum (6,66 %) et Lannea (6,66 %) et les familles les plus représentées sont les Leguminosae (71,42 %) et les Combretaceae (35,71 %).

Par ailleurs, dans les six secteurs, le nombre moyen d'espèces épargnées par relevé varie de 8,75 à 5,35 tandis que l'indice de diversité de Shannon (H') varie de 4,51 bits à 4,03 bits. H' est élevé de même que l'équitabilité de Pielou qui varie de 0,81 à 0,86. Dans les six (6) secteurs, les conditions du milieu sont donc favorables à l'installation de nombreuses espèces, mais, le nombre d'individus par espèce est faiblement représenté. Aucune espèce ne domine l'autre.

5.2. Densité du peuplement arborescent et répartition des effectifs par classes de diamètre

5.2.1. Densité du peuplement arborescent

Les densités potentielles et réelles du peuplement arborescent varient d'un secteur à un autre et au sein d'un même secteur (tableau IX).

Tableau IX : Variation des densités par secteurs de la série de protection

Secteurs		Densités		Prob.
		Densité réelle (N/ha)	Densité potentielle (N/ha)	
Akpassi	*m*	233,57a	273,41	0,000
	cv	41,77	34,02	
Aoro	*m*	159,90 c	205,20	0,000
	cv	59,70	44,66	
Biguina	*m*	115,15b	226,48	0,000
	cv	67,10	29,51	
Bobè	*m*	187,19 c	253,77	0,002
	cv	41,22	38,30	
Kprèkètè	*m*	147,89 c	232,48	0,001
	cv	68,89	46,96	
Okouta-Ossé	*m*	216,11a c	290,33	0,003
	cv	87,84	74,37	

Prob. : *Probabilité* ; *m* : *Moyenne* ; *cv* : *Coefficient de variation en pourcentage*

Les valeurs accompagnées de la même lettre ne sont pas significativement différentes au seuil de 5 %. tandis que celles accompagnées de lettres différentes sont significativement différentes.

Source : Travaux de terrain, avril 2012

L'observation du tableau IX, montre que, la densité potentielle (D_p) du peuplement arborescent varie de 290,33 à 205,20 pieds/ha tandis que celle réelle, varie 233,57 à 115,15 pieds/ha. Dans tous les secteurs, au seuil de 5 %, les résultats du test d'analyse de variance, révèlent une différence significative entre les deux densités (prob ≤ 0,05 dans tous les secteurs). Ce qui signifie que le peuplement ligneux de tous les secteurs de la série de protection a été véritablement affecté par les activités anthropiques.

Le degré d'affectation varie d'un secteur à un autre. Les résultats du test t d'échantillon apparié au seuil de 5 %, révèlent une différence non significative entre les densités réelles du secteur Aoro par rapport aux secteurs, Bobè, Kprèkètè et Okouta-Ossé. Ce qui signifie que, dans ces quatre secteurs, les densités réelles sont quasi-similaires. Par contre, la différence est significative entre le secteur Aoro et celui d'Akpassi d'une part et celui de Biguina d'autre part. La densité réelle d'Akpassi est fortement supérieure à celle d'Aoro tandis que celle de Biguina est fortement inférieure à celle d'Aoro et d'Akpassi.

En définitive, en se basant sur le nombre de pieds d'arbres inventoriés à l'hectare (densité réelle), il ressort par ordre d'importance décroissante que le secteur Akpassi est plus pourvu en espèces ligneuses suivi de Okouta-Ossé, Bobè, Aoro, Kprèkètè et Biguina.

5.2.2. Répartition des effectifs par classes de diamètre

La figure 14 présente la répartition des ligneux épargnés par classe de diamètre dans les secteurs de la série de protection.

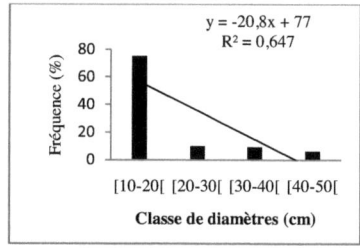

Secteur Aoro

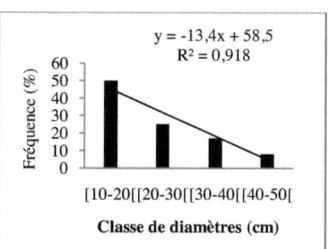

Secteur Biguina

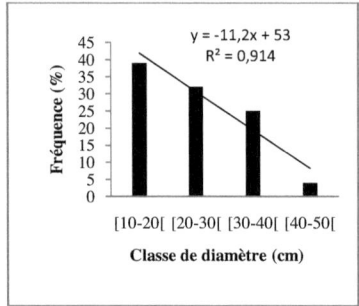

Secteur Kprèkètè

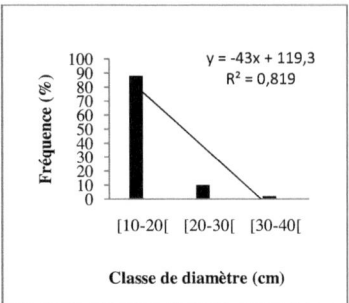

Secteur Okouta-Ossé

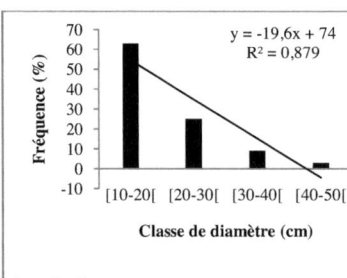

Secteur Akpassi

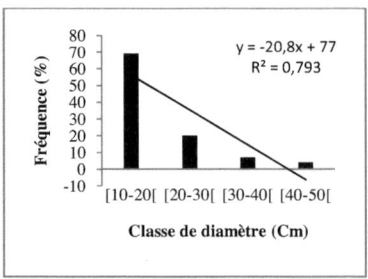

Secteur Bobè

Figure 14 : Structure diamétrique des espèces épargnées par secteur de la série de protection

De l'analyse de la figure 14, il ressort que les classes de diamètre compris entre 10 et 20 cm sont les plus épargnées dans la série de protection. Les relations qui lient les fréquences des espèces épargnées aux classes de diamètre sont traduites par des équations linéaires ayant des coefficients négatifs. Dans tous les secteurs (100 %) de la série de protection, la fréquence et le diamètre des arbres épargnés sont corrélés négativement. Cela veut dire que la fréquence des gros diamètres est faible dans toute la série de protection, contrairement à celle de petit diamètre (10-20 cm). Les secteurs de la série de protection sont en reconstitution par des jeunes espèces.

Spécialement dans le secteur Okouta-Ossé, les individus de diamètres supérieurs à 40 cm sont quasi-absents. Ceci traduit la surexploitation de ce secteur par rapport aux autres. Dans le secteur Kprèkètè, la forte présence des classes [20-30[et [30-40[cm. s'explique par des plantations pures de *Gmelina arborea* installées par le projet PAMF. En effet, les pieds de *Gmelina arborea* (photo 10) inventoriés dans ce secteur, ont des diamètres compris entre [20-30[et [30-40[cm. Ces pieds ont augmenté la fréquence desdits diamètres, contrairement aux cinq (5) autres secteurs.

Photo 10 : Plantation pure de *Gmelina arborea* réalisée dans la série de protection PAMF en 2003
Prise de vue : ODJOUBERE, avril 2012

La photo 10 montre une plantation pure de *Gmelina arborea* installée en 2003 par le projet PAMF dans le secteur Kprèkètè. Les mesures effectuées en 2012 révèlent que la plupart des arbres ont un diamètre compris entre (20-30) et (30-40) cm. Ces plantations ont restauré le couvert végétal dégradé de la série de protection. Elles constituent un acquis pour les populations riveraines des Monts Kouffé.

5.3. Spectres de distribution des espèces dans les secteurs de la série de protection

Les spectres des types biologiques et des types phytogéographiques varient d'un secteur à un autre.

5.3.1. Spectres de distribution dans le secteur Aoro

La figure 15 présente les spectres brut et pondéré des types biologiques et des types phytogéographiques de ce secteur.

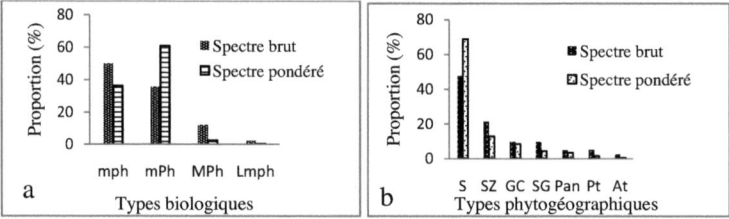

Figure 15 : Spectres des types biologiques et des types phytogéographiques du secteur Aoro

Les spectres des types biologiques révèlent l'abondance des microphanérophytes (mph) et la dominance des mésophanérophytes (mPh) avec respectivement un spectre brut de 50 % et un spectre pondéré de 61 %. L'abondance des microphanérophytes (mph) est concurrencée par celle des mésophanérophytes (mPh) avec un spectre brut de 36 %. Les mégaphanérophytes (MPh) sont très peu représentés. Du point de vue chorologique (figure 15b), les espèces soudaniennes sont abondantes et dominantes avec une contribution de 48 % au spectre brut et 69 % au spectre pondéré. Viennent ensuite les espèces soudano-zambéziennes (SZ) avec une contribution de 21 % au spectre brut et de 13 % au spectre pondéré. Les autres types phytogéographiques sont faiblement représentés.

5.3.2. Spectres de distribution dans le secteur Biguina

La figure 16 présente les spectres brut et pondéré des types biologiques et des types phytogéographiques du secteur Biguina.

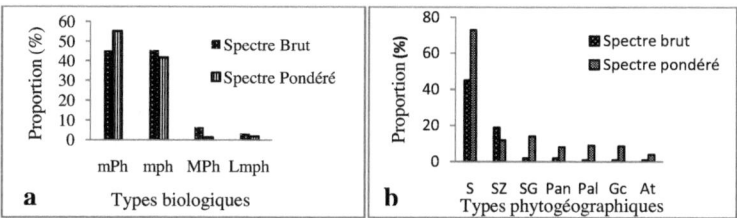

Figure 16 : Spectres des types biologiques et des types phytogéographiques du secteur Biguina

Les spectres des types biologiques (figure16 a) révèlent l'abondance des microphanérophytes (mph) et la dominance des mésophanérophytes (mPh) avec respectivement un spectre brut de 45 % et un spectre pondéré de 55 %. L'abondance des microphanérophytes (mph) est égale à celle des mésophanérophytes (mPh) avec un spectre brut de 45 %. Les mégaphanérophytes (MPh) sont très peu représentés. Du point de vue chorologique (figure 16 b), les espèces soudaniennes sont abondantes et dominantes avec une contribution de 45 % au spectre brut et 73 % au spectre pondéré. Viennent ensuite les espèces soudano-zambéziennes (SZ) et soudano-guinéennes (SG) avec une contribution de 19 % et 2 % au spectre brut et de 12 % et 14 % au spectre pondéré. Les autres types phytogéographiques sont faiblement représentés.

5.3.3. Spectres de distribution dans le secteur Kprèkètè

La figure 17 présente les spectres brut et pondéré des types biologiques et des types phytogéographiques du secteur Kpèkètè.

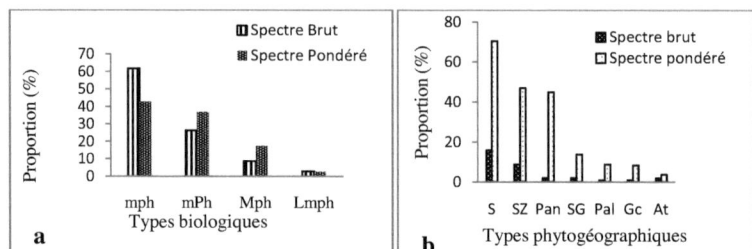

Figure 17 : Spectres des types biologiques et des types phytogéographiques du secteur Kprèkètè

Les spectres des types biologiques (figure 17 a) révèlent l'abondance et la dominance des microphanérophytes (mph); avec respectivement un spectre brut de 62 % et un spectre pondéré de 43 %. Viennent ensuite les mésophanérophytes (mPh) avec respectivement un spectre brut de 26 % et un spectre pondéré de 37 %. Les mégaphanérophytes Mph et Lmph sont faiblement représentés. Du point de vue chorologique (figure 17 b), les espèces soudaniennes sont abondantes et dominantes avec une contribution de 16 % au spectre brut et 70 % au spectre pondéré. Viennent ensuite les espèces soudano-zambéziennes (SZ) avec une contribution de 9 % au spectre brut et de 47 % au spectre pondéré.

5.3.4. Spectres de distribution dans le secteur Okouta-Ossé

La figure 18 présente les spectres brut et pondéré des types biologiques et des types phytogéographiques du secteur Okouta-Ossé.

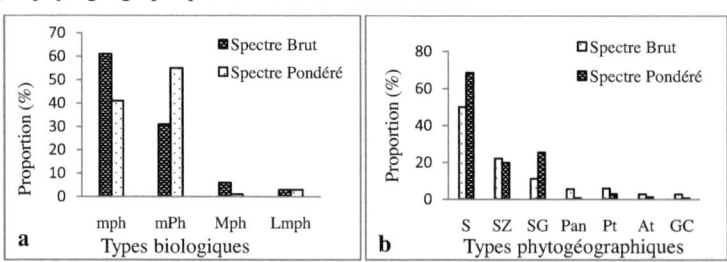

Figure 18 : Spectres des types biologiques et des types phytogéographiques du secteur Okouta-Ossé

Les spectres des types biologiques (figure18 a) révèlent l'abondance des microphanérophytes (mph); et la dominance des mésophanérophytes (mPh) avec respectivement un spectre brut de 61 % et un spectre pondéré de 55 %. Viennent ensuite les mésophanérophytes (mPh) avec respectivement un spectre brut de 31 %. Les mégaphanérophytes Mph et Lmph sont faiblement représentés. Du point de vue chorologique (figure 18 b), les espèces soudaniennes sont abondantes et dominantes avec une contribution de 50 % au spectre brut et 69 % au spectre pondéré. Viennent ensuite les espèces soudano-zambéziennes (SZ) et soudano-guinéennes (SG) avec une contribution de 22 % et 11 % au spectre brut et de 20 % et 26 % au spectre pondéré. Les autres types phytogéographiques sont faiblement représentés.

5.3.5. Spectres de distribution dans le secteur Akpassi

La figure 19 présente les spectres brut et pondéré des types biologiques et des types phytogéographiques du secteur Akpassi.

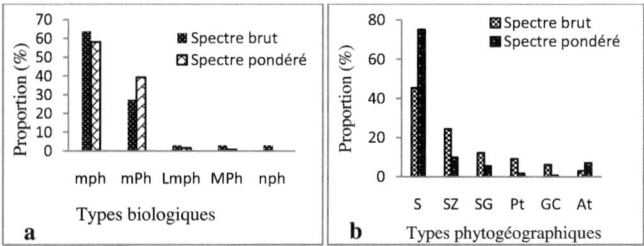

Figure 19 : Spectres des types biologiques et des types phytogéographiques du secteur Akpassi

Les spectres des types biologiques (figure 19 a) révèlent l'abondance et la dominance des microphanérophytes (mph); avec respectivement un spectre brut de 64 % et un spectre pondéré de 58 %. Viennent ensuite les mésophanérophytes avec un spectre brut de 27 % et un spectre pondéré de 39 %. Du point de vue chorologique (figure 19 b), les espèces soudaniennes sont abondantes et dominantes avec une contribution de 45 % au spectre brut et 73 % au spectre pondéré. Viennent ensuite les espèces soudano-zambéziennes (SZ) et soudano-guinéennes (SG) avec une contribution de 24 % et 12 % au spectre brut et de 10 % et 6 % au spectre pondéré. Les autres types phytogéographiques sont faiblement représentés.

5.3.6. Spectres de distribution dans le secteur Bobè

La figure 20 présente les spectres brut et pondéré des types biologiques et des types phytogéographiques du secteur Bobè.

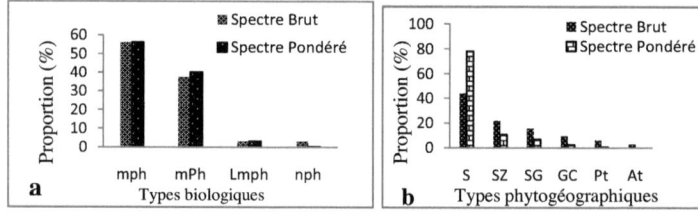

Figure 20 : Spectres des types biologiques et des types phytogéographiques du secteur Bobè

Les spectres des types biologiques (figure 20 a) révèlent l'abondance et la dominance des microphanérophytes (mph) avec respectivement un spectre brut et un spectre pondéré de 56 %. Viennent ensuite les mésophanérophytes (mPh) avec un spectre brut de 38 % et un spectre pondéré de 40 %. Du point de vue chorologique (figure 20b), les espèces soudaniennes sont abondantes et dominantes avec une contribution de 44 % au spectre brut et 78 % au spectre pondéré. Viennent ensuite les espèces soudano-zambéziennes (SZ) et soudano-guinéennes (SG) avec une contribution de 22 % et 16 % au spectre brut et de 11 % et 7 % au spectre pondéré. Les autres types phytogéographiques sont faiblement représentés.

CHAPITRE VI : PERCEPTIONS DES GROUPES SOCIOPROFESSIONNELS SUR LES DÉTERMINANTS DE LA DÉGRADATION DES LIGNEUX

Ce chapitre est consacré à l'analyse du point de vue des populations sur les déterminants de la dégradation des ligneux.

6.1. Analyse de la perception des groupes socioprofessionnels sur les facteurs directs de dégradation des ligneux de la série de protection

Selon les acteurs enquêtés, l'agriculture, l'exploitation du bois d'œuvre, la carbonisation, le pâturage, les feux de végétation et l'érosion sont les déterminants directs de dégradation de la série de protection. Mais, les scores attribués aux facteurs varient suivant les groupes socioprofessionnels (tableau X).

Tableau X : Scores moyens attribués par les groupes socioprofessionnels aux facteurs directs de la dégradation des ligneux

Groupes socioprofessionnels	Poids attribués aux facteurs directs de dégradation des ligneux					
	EBO	El	Ca	Ag	FV	Er
Agriculteurs	9,0 a	7,8 c	7,5 e	7,1 g	5,2 j	0,7 k
Charbonniers	8,9 a	7,5 c	6,5 f	8,1h	4,8 j	0,5 k
Eleveurs	9,0 a	6,1 d	7,5 e	7,8 g	5,2 j	0,7 k
Exploitants de bois d'œuvre	7,1 b	7,4 c	7,8 e	9,0 i	4,7 j	0,5 k

EBO : Exploitation de bois d'œuvre ; El : Elevage ; Ca ; Carbonisation ; Ag : Agriculture ; FV : Feu de végétation ; Er : Erosion

« Les scores moyens suivis d'une même lettre ne sont pas sont significativement différents au seuil de 5 %.

Source : Travaux de terrain, avril 2012

De l'observation du tableau X, il ressort que chaque groupe socioprofessionnel attribue moins de poids à son activité. Chacun estime que son activité contribue moins à la destruction des ligneux. Sur la deuxième colonne, les exploitants du bois d'œuvre ont attribué moins de poids à l'activité d'exploitation du bois (7,1 points) alors que les agriculteurs, les charbonniers et les éleveurs en ont attribué plus de poids. Au seuil de 5 %, il n'existe aucune différence significative (p ≤ 0,05) entre les points attribués par les agriculteurs, les charbonniers et les éleveurs. Selon eux, l'exploitation du bois d'œuvre est l'activité la plus destructrice des ligneux, contrairement à ce qu'estiment les exploitants du bois d'œuvre. Il en est de même des éleveurs qui ont attribué moins de poids (6,1points) à l'élevage qu'aux autres activités (colonne 3). Selon eux, le pâturage contribue moins à la perte des ligneux, contrairement aux agriculteurs, charbonniers et exploitants qui le perçoivent comme le plus destructif des ligneux. Au seuil de 5 %, aucune différence significative (p ≤ 0,05) n'existe aux poids attribués par ces trois acteurs (agriculteurs, charbonniers et exploitants de bois d'œuvre). Tout comme les exploitants du bois d'œuvre et les éleveurs, les charbonniers et les agriculteurs ont également attribué moins de poids à leur activité. De façon générale, tous les groupes socioprofessionnels ont perçu le feu de végétation et l'érosion comme étant des facteurs moins destructifs des ligneux. Au seuil de 5 %, il n'y a pas de différence significative (p ≤ 0,05) entre le poids attribué par les quatre groupes socioprofessionnels.

Le tableau XI présente le classement des facteurs directs de dégradation selon les groupes socioprofessionnels.

Tableau XI : Rang des facteurs directs de la dégradation des ligneux

Groupes socioprofessionnels	Facteurs directs de la dégradation des ligneux					
	EBO	El	Ca	Ag	FV	Er
Agriculteurs	1	2	3	4	5	6
Charbonniers	1	3	4	2	5	6
Éleveurs	1	4	3	2	5	6
Exploitants de bois d'œuvre	4	3	2	1	5	6
Moyenne	**1,75**	**3**	**3**	**2,25**	**5**	**6**

EBO : Exploitation de bois d'œuvre ; El : Élevage ; Ca : Carbonisation ;
Ag : Agriculture ; FV : Feu de végétation ; Er : Erosion
Source : Travaux de terrain, avril 2012

De l'observation du tableau XI, il ressort que les deux derniers facteurs à savoir : le feu de végétation (FV) et l'érosion (Er) ont été relégués aux derniers rangs (5ème et 6ème) par 100 % des groupes socioprofessionnels usagers de la forêt. En effet, selon ces derniers, les feux de végétation n'entraînent pas la disparition des ligneux, mais plutôt celle des herbacés. Quant à l'érosion, les groupes socioprofessionnels estiment que son impact négatif est moins perceptible sur les ligneux.

En ce qui concerne les quatre premiers facteurs (EBO, El, Ca et Ag) dont les quatre groupes socioprofessionnels sont directement responsables, chacun des groupes a classé son activité professionnelle au dernier rang (4ème position). Autrement dit, son activité est moins destructrice des ligneux que celle des autres.

Les résultats du test de Kendall révèlent une différence significative entre le classement fait par les groupes socioprofessionnels ($\chi^2 = 15,57; ddl = 5; p = 0,008$) avec un coefficient de concordance W = 0,77.

6.1.1. Justification des perceptions par groupes socioprofessionnels

A travers les argumentations, chaque groupe socioprofessionnel a justifié la pertinence de sa perception par rapport aux facteurs directs de pressions.

6.1.1.1 Argumentation des agriculteurs

Selon les agriculteurs riverains des Monts Kouffé, ce sont les exploitants du bois d'œuvre qui détruisent les ligneux, suivis des charbonniers et des éleveurs. Même, si ces deux premiers sélectionnent les espèces, les arbres abattus, lors de leur chute, n'épargnent aucune espèce. De plus, après l'abattage des arbres, ces exploitants ne procèdent pas à leur remplacement, alors que les agriculteurs reboisent leurs parcelles en anacardiers. La plupart des exploitants utilisent les tronçonneuses, ce qui permet d'abattre et de scier beaucoup d'arbres en peu de temps. Les rémanents abandonnés par les exploitants calcinent les arbres, les arbustes et les jeunes pousses, ce qui entraîne la perte énorme des espèces devant reconstituer le couvert végétal. Il en est de même du feu émis par les charbonniers et les Peulhs. Ces derniers, particulièrement n'émondent plus les arbres, ils abattent systématiquement les arbustes.

6.1.1.2 Justification du point de vue des éleveurs sur les facteurs directs de pression sur les ligneux

Les Peulhs estiment que le pâturage est moins destructif des ligneux que l'exploitation du bois d'œuvre, l'agriculture et la carbonisation. En effet, selon eux, l'émondage n'entraîne pas la perte systématique de l'arbre comme les trois autres activités. Un même pied d'arbre peut être émondé chaque année sur une durée de plus de 70 ans. Il demeurera toujours vivant, tant qu'il n'est pas coupé par les charbonniers, les agriculteurs et les exploitants de bois d'œuvre. Les Peulhs continueraient par émonder les arbres qu'avaient émondés leurs grands parents si les exploitants de bois d'œuvre et les agriculteurs ne les avaient pas abattus. L'émondage ne tue pas l'arbre, au contraire, il le rajeunit et le rend vigoureux. Selon les Peulhs, ce sont les gros arbres qui étaient émondés. Aujourd'hui, du fait de la raréfaction de ces derniers par suite de pressions des exploitants du bois d'œuvre, des agriculteurs et des charbonniers, les arbustes sont émondés.

6.1.1.3. Argumentation justifiant la perception des charbonniers

Les charbonniers estiment que la carbonisation ne dégrade pas le couvert végétal. Au contraire, elle permet de sauvegarder certains arbres contre les feux de végétation. En effet, les arbres carbonisés sont pour la plupart déjà abattus par les exploitants du bois d'œuvre et les agriculteurs. Ce sont des rémanents abandonnés par les exploitants qui sont valorisés en charbon. Or, s'ils n'étaient pas ramassés, ces rémanents calcineraient les arbres (photo 11), les arbustes, les rejets et les repousses lors du passage des feux de végétation. Par conséquent, les exploitants de bois d'œuvre se placent en tête de la dégradation des ligneux suivis des agriculteurs. Même si ces derniers contribuent à la dégradation des ligneux, ils s'adonnent au reboisement de leur parcelle en anacardiers, ce qui reconstitue le couvert végétal. Un agriculteur qui abat un arbre le remplace par trois ou quatre plants d'anacardiers alors que l'exploitant ne le fait pas.

Photo 11 : *Daniellia oliveri* calciné par les rémanents de *Pterocarpus erinaceus*

La photo 11 montre à gauche, un pied de *Daniellia oliveri* et à droite, une souche de *Pterocarpus erinaceus* coupé par les exploitants de bois d'œuvre dans la série de protection des Monts Kouffé. Les rémanents de *Pterocarpus erinaceus* abandonnés ont calciné le tronc de *Daniellia oliveri* (encerclé au rouge) lors du passage des feux de végétation. S'ils étaient ramassés par les charbonniers, le pied de *Daniellia oliveri* ne serait pas calciné. Une bonne gestion des rémanents s'impose aux exploitants de bois d'œuvre, car, hormis l'arbre abattu, plusieurs autres sont calcinées par les rémanents lors du passage des feux de végétation.

6.1.1.4. Argumentation justifiant la perception des exploitants du bois d'œuvre

Selon les exploitants du bois d'œuvre, l'agriculture dégrade plus les ligneux, suivie de la carbonisation et du pâturage. En effet, les agriculteurs abattent la quasi-totalité des arbres se trouvant sur les parcelles cultivées (photo 12), alors que les exploitants de bois en font un abattage sélectif.

Photo 12 : Champ d'ignames dans la série de protection des Monts Kouffé (secteur Biguina)
Prise de vue : ODJOUBERE, avril 2012

La photo 12 montre un champ d'ignames dans lequel la quasi-totalité des arbres a été abattue par l'agriculteur. En effet, l'igname, culture dévastatrice du couvert végétal, est la plus cultivée par les populations riveraines des Monts Kouffé. Étant héliophile et exigeante en terre fertile, elle se cultive préférentiellement sur la friche. Ainsi, des arbres et arbustes se trouvant sur la parcelle sont abattus ou calcinés à la base pour servir de tuteur aux jeunes plants d'ignames.

Les essences de valeur qui devraient être épargnées et valorisées en bois d'œuvre sont calcinées, ce qui constitue une perte sur le plan économique et un dégât sur le plan environnemental. Tout comme l'exploitant de bois d'œuvre, le charbonnier sélectionne également les espèces, mais, son activité appauvrit le sol à travers le feu utilisé pour la fabrication du charbon. En effet, le feu détruit le potentiel séminal édaphique, les jeunes pousses et même les arbustes proches du four de carbonisation.

Quant aux Peulhs, ils ralentissent le développement normal des arbres à travers l'émondage. En effet, l'émondage défeuille (photo 13) l'arbre et l'expose au soleil et au feu. Les branches des arbres abandonnées après l'émondage calcinent aussi bien l'espèce émondée que les autres espèces environnantes. Aussi l'émondage empêche t-il la fructification de l'arbre. Il compromet donc la dynamique des populations des espèces émondées.

Photo 13 : *Afzelia africana* émondé
Prise de vue : Lawin, 2012

La photo 13 montre un Peulh en train d'émonder les branches de *Afzelia africana*. L'arbre est totalement dépourvu de ces feuilles. Cette pratique entraîne des blessures sur l'arbre et l'expose aux intempéries. Elle est susceptible de bloquer la photosynthèse.

6.2. Perceptions des groupes socioprofessionnels sur les facteurs indirects de dégradation des ligneux de la série de protection

Les différents poids attribués aux facteurs indirects (tableau XII) ont permis d'analyser la perception des groupes socioprofessionnels.

Tableau XII : Scores moyens attribués par les groupes socioprofessionnels aux facteurs indirects de la dégradation des ligneux

Groupes socioprofession nels	Poids attribués aux facteurs indirects de dégradation des ligneux						
	PM	OTA	PD	AT	FIE	PMB	PS
Agriculteurs	9,3 a	8,9 b	9,4 c	7,6 d	4,7 e	1,7 i	1,2 k
Charbonniers	9,1 a	8,7 b	8,6 c	6,6 d	3,0 f	1,8 i	3,2 l
Eleveurs	8,3 a	8,1 b	8,1 c	6,0 d	0,0 g	1,1 i	1,0 k
Exploitants de bois d'œuvre	8,8 a	8,2 b	8,4 c	7,1 d	3,4 h	3,3 j	2,7 m

PM : Pauvreté monétaire ; OTA : Occupation des terres par les anacardiers ; PD : Pression démographique ; AT : Appauvrissement des terres agricoles ; PMB : Pression des marchés du bois ; FIE : Faible implication de l'état dans la gestion des forêts ; PS : Prolifération des scieries

« *Les scores moyens suivis d'une même lettre ne sont pas sont significativement différents au seuil de 5 %* ».

Source : Travaux de terrain, avril 2012

De l'observation du tableau XII, il ressort que tous les groupes socioprofessionnels ont attribué plus de poids à la pauvreté monétaire (PM) qu'aux autres facteurs indirects de la dégradation des ligneux. Après la pauvreté monétaire, viennent ensuite l'occupation des terres par les anacardiers (OTA), la pression démographique (PM), l'appauvrissement des terres agricoles (AT). Dans chacun de ces quatre premiers facteurs cités, il n'existe au seuil de 5 %, une différence significative aux poids attribués par les groupes socioprofessionnels. Par contre, les facteurs indirects telles que la pression des marchés du bois (PMB) ; la faible implication de l'État dans la gestion des forêts (FIE) et la prolifération des scieries (PS) sont diversement perçus par les groupes socioprofessionnels.

6.2.1. Justification de la perception des groupes socioprofessionnels sur les facteurs indirects de la dégradation des ligneux

La compilation des argumentations des groupes socioprofessionnels a permis de justifier les poids attribués aux facteurs indirects de la dégradation des ligneux.

6.2.1.1. Pauvreté monétaire, premier facteur indirect de la pression sur les ligneux

Les acteurs impliqués dans la dégradation des ligneux de la série de protection sont pour la plupart les agriculteurs. En dehors des Peulhs qui ont pour activité principale l'élevage, les autres acteurs à savoir les charbonniers et les exploitants de bois d'œuvre ont pour activité principale l'agriculture. Ils s'adonnent à la carbonisation et à l'exploitation du bois d'œuvre par manque de moyens financiers pour subvenir à leurs besoins. En effet, les agriculteurs connaissent en général, des contraintes liées aux aléas climatiques. 100 % des enquêtés a affirmé que la saison sèche est plus longue que la saison pluvieuse, les pluies sont mal réparties et la chaleur est plus persistante. Le calendrier agricole est bouleversé et les semis se font de façon répétée. Ces conditions climatiques ont fragilisé les systèmes de production fondés sur les cultures pluviales entraînant ainsi des conséquences très perceptibles sur l'agriculture et sur les conditions de vie des populations majoritairement agricoles. Pour combler le déficit des productions agricoles, les agriculteurs font recours à l'exploitation forestière, d'où la forte pression sur les ligneux. C'est ce qu'affirme par exemple un agriculteur-charbonnier à Okouta-Ossé.

Encadré 1 : Déclaration d'un agriculteur du village Okouta-Ossé sur les raisons de la carbonisation

La mauvaise récolte due à la non-maîtrise du climat contraint les agriculteurs à s'adonner à la carbonisation. Sur deux (2) hectares de maïs que j'ai cultivés, je n'ai récolté que 150 kg équivalent de 30 000 F CFA. Or, j'ai bénéficié d'un crédit de 120 000 F CFA au CeCPA / Bantè. Le remboursement étant annuel, je suis obligé de fabriquer du charbon donc d'abattre les arbres pour respecter mes engagements auprès du créancier. C'est la pauvreté monétaire qui nous oblige à nous adonner à la carbonisation.

Encadré 2 : Déclaration d'un agriculteur dans le village Pira sur les raisons de la carbonisation

Autrefois, la carbonisation était pratiquée par les allochtones Fons. Ces derniers étaient ridiculisés par les populations autochtones Nago qui les considéraient comme des plus pauvres. Aujourd'hui, les autochtones sont les plus nombreux dans l'activité à cause du faible rendement des productions agricoles. Les agriculteurs s'adonnent à l'exploitation forestière parce qu'elle leur procure un revenu certain. D'ailleurs, le charbon ne subit pas les effets des aléas climatiques ni l'attaque des insectes. La pauvreté monétaire due au faible rendement agricole, lui-même causé par les aléas climatiques, sont les raisons

6.2.1.2. Occupation des terres par les anacardiers, un facteur indirect non négligeable de pression sur les ligneux de la série de protection

L'introduction de l'anacardier dans le système de production agricole des riverains des Monts Kouffé a entraîné l'accroissement des demandes en terres agricoles. Ce système oblige les agriculteurs à défricher de nouvelles terres les années suivantes. En effet, selon les agriculteurs, il est impossible d'associer les cultures vivrières avec les anacardiers après cinq années d'exploitation. Or, tous les enquêtés (100 %) autochtones riverains des Monts Kouffé plantent l'anacardier dès la première année d'installation de leur champ. Cette pratique a entraîné l'occupation de la quasi-totalité des terroirs villageois par les anacardiers. Ne voulant pas incinérer ces anacardiers, les agriculteurs emblavent de nouvelles parcelles, d'où l'occupation progressive de la série de protection par les populations riveraines.

6.2.1.3. Augmentation de la population des arrondissements riverains des Monts Kouffé, facteur de régression des ligneux de la série de protection

Les populations des arrondissements riverains à la série de protection ont connu une évolution progressive figure (21), laquelle influence localement les ressources ligneuses des Monts Kouffé.

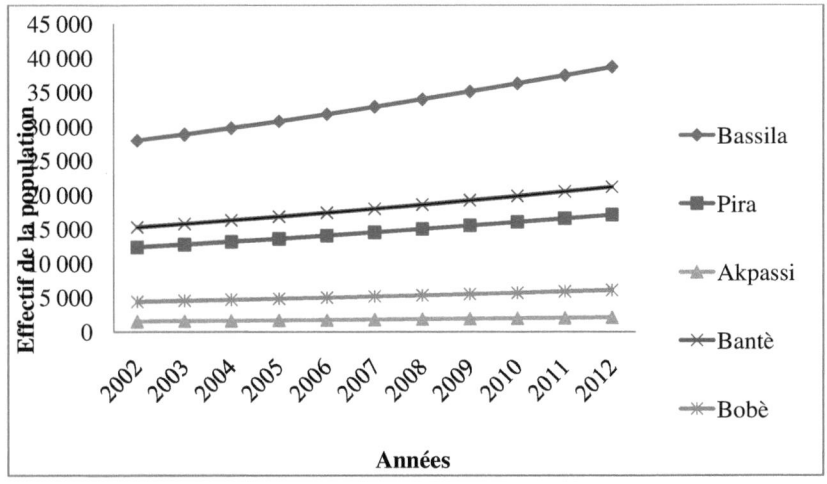

Figure 21 : Evolution de la population des arrondissements riverains de la série de protection des Monts Kouffé

De l'analyse de la figure 21, il ressort que la population des cinq (5) arrondissements riverains à la série de protection a évolué de façon exponentielle. Or, la majorité des populations a pour activité principale l'agriculture, une activité consommatrice d'espace et transformatrice des forêts en zones agricoles. Cette démographie galopante a accru les besoins en terres agricoles et en bois de chauffe. Ce qui affecte les écosystèmes forestiers en accentuant les pressions de déforestation causées par les exploitants de bois d'œuvre et les charbonniers.

6.2.1.4. Surexploitation des terres dans les villages riverains des Monts Kouffé, source de pression sur les ligneux de la série de protection

L'occupation des terres par les anacardiers et l'augmentation des populations ont pour conséquence la surexploitation des terres qui leur séparent de la série de protection. Cette surexploitation est d'autant plus forte dans un secteur que le coefficient d'Allan calculé est plus faible (figure 22).

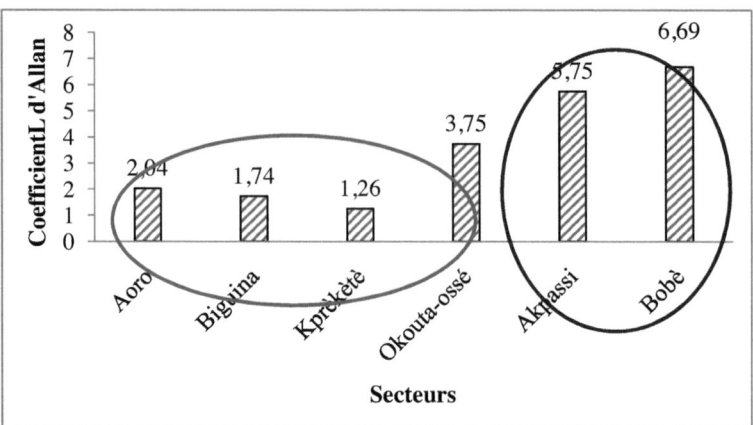

Figure 22: Variation du coefficient L d'Allan par secteur de la série de protection

De l'analyse de la figure 22, il ressort que quatre (4) secteurs à savoir : Aoro, Biguina, Kprèkètè et Okouta-Ossé ont un coefficient L d'Allan inférieur à 5. Dans ces secteurs, les terres sont surexploitées. En effet, la portion de terre cultivable qui sépare lesdits secteurs de la série de protection est exigüe (3 à 5 km environ). Suite à la croissance démographique et à l'occupation d'une grande partie de cette bande par les anacardiers, la série de protection a été surexploitée par les agriculteurs locaux et les colons venus du Togo et du Nord-Bénin (figure 23). Dans ces quatre secteurs, l'effet de proximité explique la dégradation des ligneux de la série de protection.

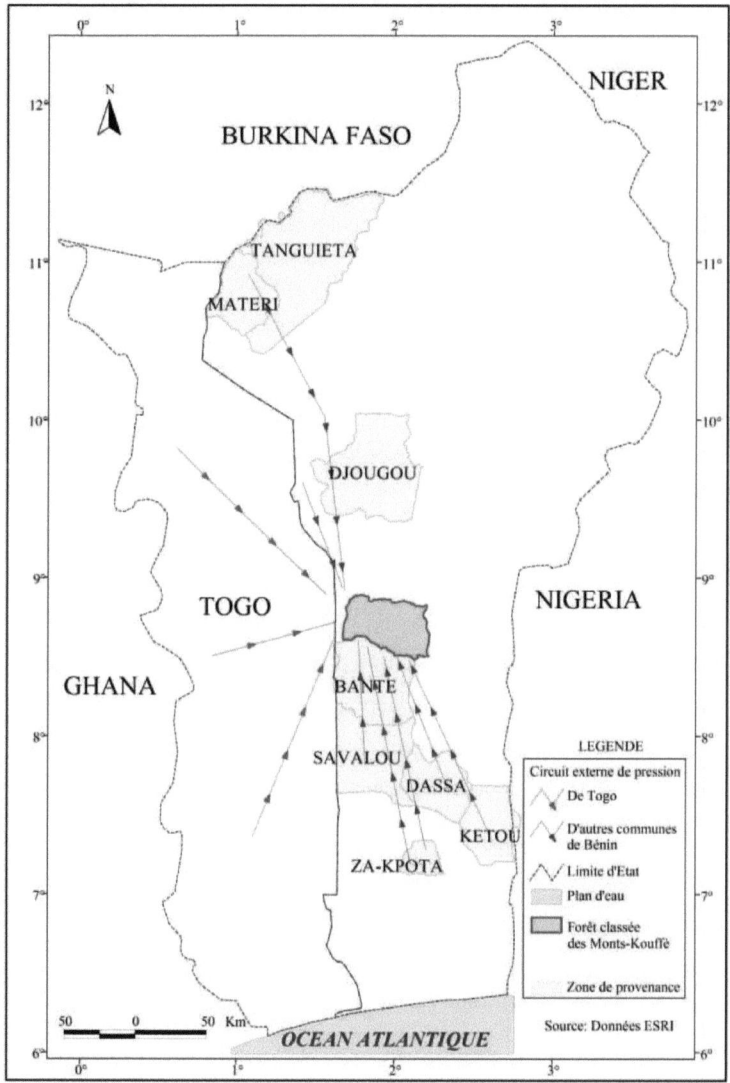

Figure 23 : Circuit et zone de provenance des acteurs exerçant de pression sur les ligneux de la forêt classée des Monts Kouffé

De l'observation de la figure 23, il ressort que la dégradation des ligneux de la série de protection n'est pas seulement due aux activités des populations locales riveraines des Monts Kouffé. Les populations de Kamboly, Koussoutou originaires du Togo; les agriculteurs venus de Tanguiéta, Matéri, Djougou, Ouaké, etc. (Nord-Bénin), les charbonniers et agriculteurs venus de Zakpota, Bohicon, Dassa-Zoumé, Savalou, etc. participent à cette pression.

Au niveau des secteurs tels que Akpassi et Bobè, le coefficient L d'Allan est supérieur à 5. Les terroirs ne sont pas surexploités dans ces secteurs. La portion de terre cultivable qui les sépare de la série de protection est considérable (22 à 25 km). Toutefois, la série de protection subit la pression des colons agricoles venus de certains arrondissements de la Commune de Bantè (Gouka, Koko, Agoua et Bantè).

6.2.1.5. Pression des marchés du bois, un facteur de la destruction des ligneux

La demande en bois d'œuvre et en charbon de bois dans les villages riverains des Monts Kouffé est de plus en plus forte. Les charbonniers riverains des Monts Kouffé utilisent des espèces très appréciées par les consommateurs. Le prix de charbon ne cesse d'augmenter. Vendu à 15 F CFA en 1997, le kilogramme de charbon est aujourd'hui acheté à 45 F CFA (travaux de terrain, 2012).

De la même manière, la demande en bois d'œuvre a pris de l'ampleur. De façon spécifique, la pression s'exerce sur *Pterocarpus erinaceus*, espèce très sollicitée par les Chinois. Ce qui oblige les exploitants à en faire un abattage sélectif et intensif dans les Monts Kouffé en général et dans la série de protection en particulier.

Il apparaît que la pression sur les ressources naturelles augmente au fur et à mesure de celle de la démographie et du marché. Lorsque les systèmes fondés sur la propriété commune sont confrontés aux pressions du marché, les utilisateurs accroissent leurs niveaux d'exploitation afin de satisfaire, non seulement leurs besoins de subsistance, mais aussi d'obtenir des revenus supplémentaires.

6.2.1.6. Faible implication de l'État dans la gestion des forêts, une opportunité pour l'exploitation anarchique des ligneux

L'État a un rôle capital dans la protection des ressources naturelles en général et ligneuses en particulier. Il peut limiter, par des normes ou la menace de sanctions, le prélèvement anarchique des espèces ligneuses. Cela ne signifie pas qu'il faut exclure les populations de l'exploitation mais plutôt la réglementer. Si le gouvernement décidait véritablement de protéger les ressources naturelles des Monts Kouffé, il mettrait en place des dispositions idoines pour punir les contrevenants ainsi que les agents qui s'impliqueraient dans l'exploitation frauduleuse des ligneux. Pour preuve, pendant la phase active du projet PAMF, la pression des populations sur la forêt classée des Monts Kouffé a été sensiblement réduite. Mais, au lendemain de la fin de du projet, du fait de l'abandon de la forêt par l'État, les acquis du projet ont été détruits. La sauvegarde des forêts classées dépend de la politique du gouvernement et des conditions particulières mises en place pour les populations riveraines des forêts classées.

En définitive, les facteurs directs et indirects de la dégradation des ligneux sont intimement liés (figure 24). Les premiers se manifestent par les effets visibles sur les forêts alors que les deuxièmes sont sous-jacents.

Facteurs directs

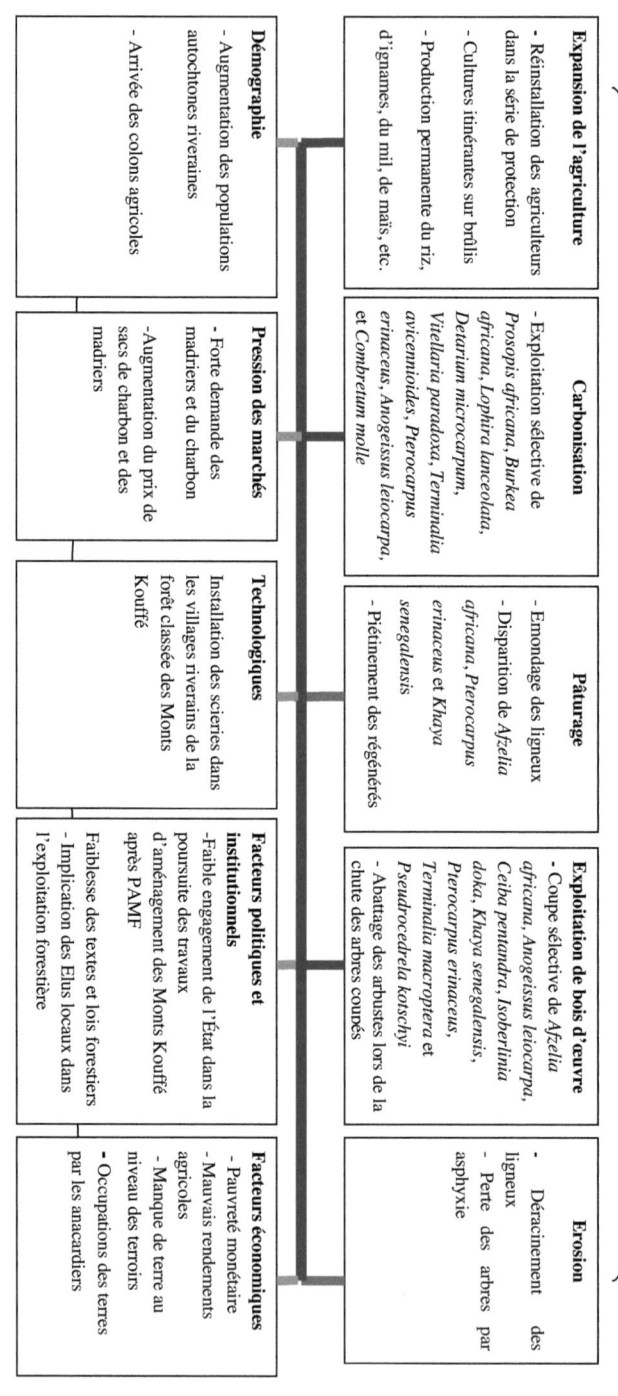

Expansion de l'agriculture
- Réinstallation des agriculteurs dans la série de protection
- Cultures itinérantes sur brûlis
- Production permanente du riz, d'ignames, du mil, de maïs, etc.

Carbonisation
- Exploitation sélective de *Prosopis africana, Burkea africana, Lophira lanceolata, Detarium microcarpum, Vitellaria paradoxa, Terminalia avicennioides, Pterocarpus erinaceus, Anogeissus leiocarpa,* et *Combretum molle*

Pâturage
- Emondage des ligneux *africana, Anogeissus leiocarpa, africana, Pterocarpus erinaceus* et *Khaya senegalensis*
- Disparition de *Afzelia*
- Piétinement des régénérés

Exploitation de bois d'œuvre
- Coupe sélective de *Afzelia africana, Anogeissus leiocarpa, ceiba pentandra, Isoberlinia doka, Khaya senegalensis, Pterocarpus erinaceus, Terminalia macroptera* et *Pseudocedrela kotschyi*
- Abattage des arbustes lors de la chute des arbres coupés

Erosion
- Déracinement des ligneux
- Perte des arbres par asphyxie

Démographie
- Augmentation des populations autochtones riveraines
- Arrivée des colons agricoles

Pression des marchés
- Forte demande des madriers et du charbon
- Augmentation du prix de sacs de charbon et des madriers

Technologiques
Installation des scieries dans les villages riverains de la forêt classée des Monts Kouffé

Facteurs politiques et institutionnels
- Faible engagement de l'État dans la poursuite des travaux d'aménagement des Monts Kouffé après PAMF
- Faiblesse des textes et lois forestiers
- Implication des Elus locaux dans l'exploitation forestière

Facteurs économiques
- Pauvreté monétaire
- Mauvais rendements agricoles
- Manque de terre au niveau des terroirs
- Occupations des terres par les anacardiers

Figure 24 : Schéma illustrant les facteurs directs et indirects de la dégradation des ligneux de la série de protection des Monts Kouffé

Conclusion partielle

En définitive, il ressort que la dégradation des ligneux de la série de protection, résulte des actions cumulatives des activités humaines et de l'érosion dont l'ampleur est favorisée par la topographie. Malgré ces diverses pressions, des ligneux sont épargnées dans la série de protection. L'indice de diversité de Shannon et l'équitabilité de Pielou sont élevés. Les individus ayant un diamètre compris entre 10 et 20 cm sont les plus représentés. Les Leguminosae et les Combretaceae sont les familles les plus représentées. Les spectres des types biologiques révèlent en général l'abondance des microphanérophytes et la dominance des mésophanérophytes. Les espèces soudaniennes sont abondantes et dominantes.

Les groupes socioprofessionnels ont estimé que la dégradation de la série de protection est due à des facteurs directs et indirects. Ces derniers, souvent invisibles, agissent pour déclencher ceux directs. Chaque groupe socioprofessionnel perçoit son activité comme étant moins destructrice que celles des autres. La forêt classée en général et la série de protection en particulier est le théâtre d'interprétations conflictuelles des usagers. En conséquence, aucun des usagers n'est nullement prêt à modifier ses relations avec les ressources forestières. Cette situation explique pourquoi le couvert forestier de la série de protection est en pleine régression. Or, c'est pour éviter cette situation que les structures de cogestion ont été créées dans les villages riverains des Monts Kouffé avant la fin du projet PAMF.

Le premier chapitre de la troisième partie de ce document permettra d'évaluer l'efficacité desdites structures, afin de mieux cerner les raisons qui fondent la reprise de l'exploitation anarchique des ligneux de la série de protection.

TROISIÈME PARTIE :

APTITUDES DES STRUCTURES DE COGESTION A L'EXÉCUTION DU PLAN D'AMÉNAGEMENT ET DISCUSSION DES RÉSULTATS

La troisième partie de ce document comporte deux chapitres : le premier évalue la performance des structures de cogestion à l'exécution du plan d'aménagement, et le deuxième qu'est la discussion, confronte les résultats avec les travaux antérieurs réalisés dans le milieu d'étude et ailleurs. Une délibération a été faite sur chaque hypothèse émise.

CHAPITRE VII : APTITUDES DES STRUCTURES DE COGESTION A L'EXÉCUTION DU PLAN D'AMÉNAGEMENT PARTICIPATIF

Avant d'évaluer l'efficacité des structures de cogestion devant pérenniser les acquis du projet PAMF, il s'avère nécessaire de présenter le plan d'aménagement participatif, le contexte et la justification de la création des structures de cogestion, les dispositions juridiques de la mise en place des organes de cogestion ainsi que les articulations entre le cadre institutionnel de cogestion, les prestataires et les représentants de l'État.

7.1. Plan d'aménagement participatif

Le plan d'aménagement participatif est un document conçu pour une bonne gestion des ressources forestières de la forêt classée des Monts Kouffé. Il est le fruit d'un long processus de réflexion, de collecte de données, de discussion, de concertation entre l'Administration Forestière et les populations riveraines regroupées au sein des différents organes de cogestion mis en place de manière participative. Il constitue la base de la stratégie globale de gestion des forêts des Monts Kouffé. Ce document est axé sur la politique forestière nationale basée sur l'approche participative et prend en compte le nouvel acteur qu'est la commune suite à l'avènement de la décentralisation au Bénin. Il est donc élaboré dans un contexte national et international de cogestion des ressources naturelles avec les populations riveraines. Le plan d'aménagement spécifie les objectifs globaux à atteindre pendant une période donnée pour le massif en général, et les objectifs spécifiques à poursuivre pour les différentes zones en particulier. Enfin, il précise la méthodologie à suivre pour y parvenir.

Le plan d'aménagement participatif des Monts Kouffé couvre une période de 10 ans, allant de 2007 (fin du projet PAMF) à 2016. Dans ce document, les acquis du projet PAMF devant être sauvegardés par les structures de cogestion et l'administration forestière ont été présentés. Il s'agit du découpage des Monts Kouffé en des unités d'aménagement (zonage), lesquelles unités sont à leur tour découpées en quatre séries à savoir chacune, à savoir : (i) la série agro forestière réservée à l'occupation par les champs et aux pratiques agro forestières. La série de production consacrée aux plantations d'enrichissement, en plein, à l'exploitation et au parcours par le bétail. Dans cette série, 92 ha de plantation en plein et 13. 856 ha de plantation d'enrichissement ont été réalisés par le projet PAMF. La série dite de service regroupe le réseau de pistes. La série de protection qui fait l'objet de cette étude occupe essentiellement le long des grands cours d'eau et assure la protection des espaces sensibles. Elle sert également d'abri à la faune.

Onze (11) Confréries Villageoises des Chasseurs (CVC) ont été formées par le projet PAMF pour des embuscades et des patrouilles en forêt. Elles surveillent la forêt classée en générale et les plantations en particulier contre les menaces des exploitants forestiers, des éleveurs et des braconniers. Ces confréries saisissent les matériels de chasse, de coupe, etc. (photo 14) auprès des braconniers et des exploitants illégaux.

Photo 14: Matériels de chasse et de coupe saisis par la CVC et stockés à l'Antenne /PAMF de Bantè
Cliché : Anselme, août 2007

La photo 14 montre des fusils, des scies et des pièges saisis par les Confréries Villageoises des Chasseurs pendant la phase active du projet PAMF. Ces confréries constituent l'un des acquis du projet PAMF. L'importance des objets saisis témoigne de la volonté des populations à adhérer à l'approche participative, gage de la sauvegarde des aires protégées.

Dans le Plan d'Aménagement Participatif, le point des activités génératrices de revenus promues autour des Monts Kouffé en vue de sortir les populations et/ou de les stabiliser autour des forêts, tout en améliorant leur niveau de vie et leurs revenus a été également fait. Il s'agit de l'apiculture, la transformation des noix de karité en beurre, l'aulacodiculture, l'aménagement des bas-fonds pour la riziculture et l'octroi de petits crédits pour la transformation des produits agricoles.

Le système de mobilisation des ressources nécessaires pour pérenniser ces acquis a été aussi décrit dans la PAP et se situe à deux niveaux.

Au niveau interne, il s'agit des ressources générées par l'exploitation de la forêt (exploitation des terres à des fins agricoles, exploitation forestière, pêche, pâturage, exploitation des plantations d'anacarde et autres produits forestiers non ligneux). Pour chaque utilisateur de la forêt, une contribution financière est fixée et le système de la collecte des fonds décrit en vue de disposer d'une partie des ressources nécessaires à la mise en œuvre du plan.

Au niveau externe, il s'agit notamment des ressources dégagées par le budget national ou autres partenaires au développement.

Pour l'exécution du plan, les ressources humaines et l'organisation administrative à mettre en œuvre sont assurées par un système : le cadre institutionnel de cogestion de la forêt.

7.2. Contexte et justification de la mise en place d'un cadre institutionnel de cogestion

Au Bénin, la gestion des après-projets constitue jusque-là un problème auquel les chercheurs et les dirigeants de projet n'ont pas encore trouvé une solution convenable. Lorsque les projets forestiers arrivent à terme, leurs réalisations ne sont plus suivies par les populations. C'est pour garantir la pérennisation des actions du projet PAMF que le cadre institutionnel de cogestion a été mis sur pied dans les communes riveraines de la forêt classée des Monts Kouffé. Ce cadre est un dispositif humain à vocation sociale, économique et environnementale qui structure tous les acteurs concernés par la gestion durable des ressources naturelles, en partant du niveau le plus proche des ressources naturelles (communautaire/Village) jusqu'au niveau le plus élevé de gestion et de partage des ressources et des pouvoirs (inter massif). Il est constitué de trois organes à savoir : le CVDD (Conseil Villageois pour le Développement Durable), le CEGRN (Comité Communal de l'Environnement et de Gestion durable des Ressources Naturelles et le CRDRN (Coordination Régionale pour le Développement des Ressources Naturelles Partagées) (figure 25).

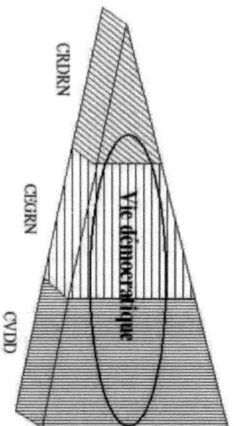

Figure 25: Organigramme du cadre institutionnel de cogestion de la forêt
Source : PAP Monts Kouffé, 2007

De l'analyse de la figure 25, il ressort que le cadre institutionnel de cogestion se présente sous la forme d'une pyramide.

- Le premier niveau, appelé CVDD, est installé dans chaque village. C'est l'organe le plus proche des ressources des massifs forestiers. Il est composé de 10 membres, élus au cours d'une assemblée villageoise. Les Chefs de villages sont d'office les présidents des CVDD. Ces structures prélèvent 2 % (frais de fonctionnement) des contrats de prestation de services ou d'exploitation de certaines ressources par des privés et/ou comités.

- Le deuxième niveau, appelé CEGRN, est installé dans chaque commune. Il est composé de 5 personnes. La présidence de CEGRN est assurée par le président de la commission des Affaires Domaniales et Environnementales de la mairie. Le CEGRN veille à l'application harmonieuse des plans d'aménagement forestier par les CVDD, vise à crédibiliser les décisions des autorités communales légales auprès des populations locales, et doit être perçu comme un dispositif spécifique d'amélioration de la gouvernance locale sur des ressources naturelles. Les frais de fonctionnement du CEGRN proviennent d'un pourcentage à prélever des revenus des CVDD et des taxes prélevées sur l'exploitation des ressources naturelles (bois, charbon, chasse, pêche, transhumance, exploitant de noix d'anacarde, etc.).

- Le troisième niveau, appelé CRDRN est l'organe intercommunal visant une gestion solidaire et efficiente des massifs forestiers. Elle est composée des Maires des communes riveraines des Monts Kouffé, des Commissions communales chargées des Affaires Domaniales et Environnementales et des représentants des organisations communautaires de base par commune concernée. Son but est d'assurer une gestion concertée et durable des ressources naturelles partagées par les communes. Le CRDRN dispose pour son fonctionnement des ressources constituées de la contribution des budgets des communes membres et de toutes autres ressources.

7. 3. Disposition juridique de la mise en place des organes de cogestion

L'avènement de la décentralisation a donné naissance à un nouvel acteur dans la gestion des ressources naturelles. Il s'agit de la commune, représentant élu des populations locales. La loi n° 97-028 du 15 janvier 1999 portant organisation de l'administration territoriale de la République du Bénin, donne à la commune la charge de la création, de l'entretien des plantations, des espaces verts et de tout aménagement public visant à l'amélioration du cadre de vie. La commune veille à la protection des ressources naturelles notamment des forêts, des sols, de la faune, des ressources hydrauliques, des nappes phréatiques, et contribue à leur meilleure utilisation.

Les communes sont dotées de personnalité juridique et d'autonomie financière. Ce qui leur confère des compétences dans les domaines suivants :

- la contribution au diagnostic préalable ;
- l'élaboration de plans de développement communal, avec un volet gestion des ressources naturelles ;
- la maîtrise d'œuvre dans le domaine classé hors plantations domaniales;
- la surveillance du respect des critères d'aménagement;

Le domaine classé de l'État reste la propriété exclusive de l'État Central, maître d'ouvrage de leur aménagement. L'État s'appuiera sur les communes riveraines, regroupées sous forme de structure intercommunale, en leur confiant la maîtrise d'ouvrage déléguée des plans d'aménagement. Ces plans seront signés entre l'État Central et les structures villageoises riveraines existantes, ou à créer, pour leur confier la maîtrise d'œuvre, des plans d'aménagements participatifs.

7.4. Articulation entre le cadre institutionnel de cogestion, les prestataires et les représentants de l'État

Pour l'exécution des travaux d'aménagement forestier, les structures de cogestion doivent faire appel aux compétences techniques des prestataires. Pour les activités de reboisement et de surveillance de la forêt classée, elles doivent solliciter l'appui des CVAGRN (Comités Villageois de suivi des Actions pilotes d'aménagement et de Gestion des Ressources Naturelles), des pépiniéristes et des Confréries Villageoises des Chasseurs (CVC). En plus, les organes de cogestion doivent travailler en symbiose avec les Chefs de Postes forestiers (CPF), les Chefs d'Unité d'Aménagement (CUA) et les Agents de Développement Local (ADL) afin de préserver les acquis du projet (figure 26).

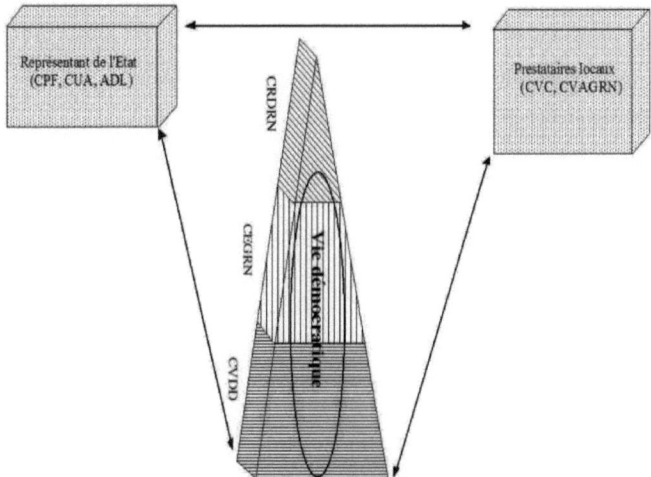

Figure 26 : Cadre théorique d'une cogestion durable des ressources forestières
Source : PAP Monts Kouffé, 2007 adapté ODJOUBERE, 2014

La figure 26 présente le système dans lequel les structures locales doivent fonctionner afin d'exécuter le plan d'aménagement. Elle montre que la gestion durable des Monts Kouffé passe par une coordination des actions des structures locales de cogestion des forêts avec celles des représentants de L'État et des prestataires locaux. Le mauvais fonctionnement d'une structure agit négativement sur l'ensemble du système.

7.5. Efficacité des structures de cogestion

L'efficacité des structures devant réaliser les activités du plan d'aménagement dépend du score moyen des activités.

7.5.1. Score moyen des structures de cogestion

Il regroupe le score des CRDRN, des CVDD et des CEGRN.

7.5.1.1. Score moyen des CRDRN

Le score moyen par activité des membres de CVDD et de CEGRN   , calculé est présenté sur la figure 27.

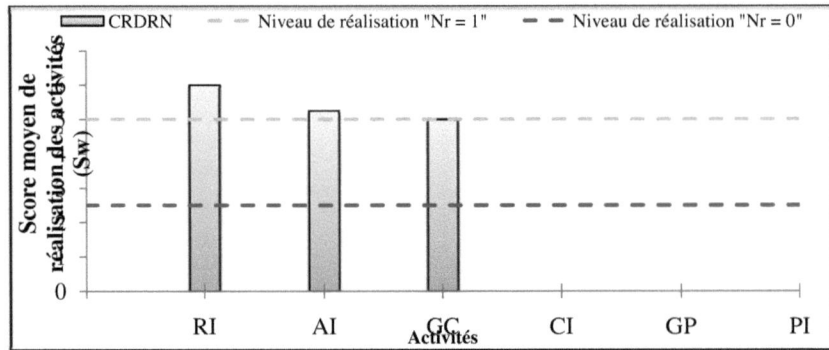

Figure 27 : Score moyen par activités des CRDRN
Source : Travaux de terrain, 2012
GP : élaboration d'un plan intercommunal de gestion des ressources naturelles partagées
PI : mise en œuvre d'un plan intercommunal de gestion des ressources naturelles
C I: promotion de la coopération avec les institutions nationales, régionales ou internationales intéressées
AI : animation de l'intercommunalité
GC: gestion des conflits intercommunaux liés à la gestion des ressources partagées en liaison avec les structures spécialisées
RI: promotion des initiatives favorables à la gestion durable des ressources naturelles intercommunales

De l'analyse de la figure 27, il ressort que, sur les 6 activités des CRDRN, trois activités à savoir : la promotion de la coopération avec les institutions nationales, régionales ou internationales intéressées (CI), l'élaboration d'un plan intercommunal de gestion des ressources naturelles partagées (GP) et la mise en œuvre d'un plan intercommunal de gestion des ressources naturelles (PI) ont un score moyen nul. Elles n'ont pas du tout été réalisées.

Deux activités à savoir : l'animation de l'intercommunalité (AI) et la gestion des conflits intercommunaux liés à la gestion des ressources partagées en liaison avec les structures spécialisées (GC) ont un score moyen variant entre 2,5 et 5 points. Elles ont été peu réalisées. Une seule activité : promotion des initiatives favorables à la gestion durable des ressources naturelles intercommunales (RI) a un score moyen variant entre 5 et 7,5 points. Elle est moyennement réalisée.

Les activités qui ont été peu ou moyennement réalisées par la Coordination Régionale pour le Développement des Ressources Naturelles Partagées (CRDRN) sont celles liées aux tâches habituelles des maires. En effet, la gestion des ressources naturelles entre deux communes voisines a été généralement source de conflit. Conscients de cette situation, les maires prennent des mesures pour régler de façon pacifique les contentieux frontaliers. Mais, les mesures durables permettant de mettre en place un plan intercommunal de gestion des ressources naturelles ou de promotion de la coopération avec les institutions nationales, régionales ou internationales n'ont jamais existé. C'est cette raison qui explique la non-réalisation des trois activités (CI, GP et PI).

7.5.1.2. Score moyen par activité des CVDD et CEGRN

Le score moyen par activité des membres de CVDD et de CEGRN est présenté sur la figure 28.

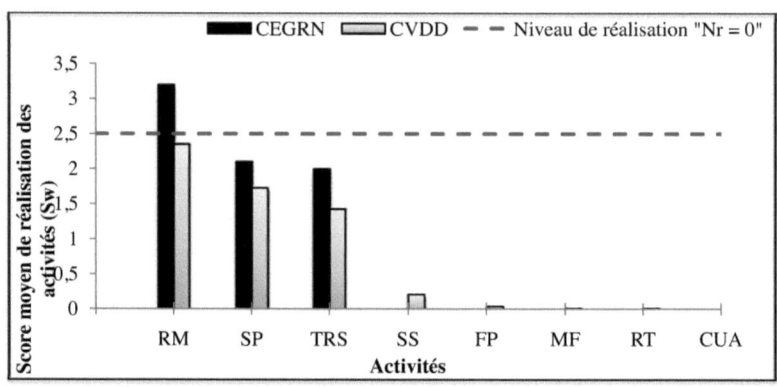

Figure 28 : Score moyen par activité des CEGRN et CVDD

Source : Travaux de terrain, 2012

RM : réunions des membres de CVDD et de CEGRN
SP : sensibilisation des populations sur les règles de gestion des ressources naturelles
TRS : réunions entre les structures de cogestion, les prestataires et les représentants de l'État
SS: surveillance de la forêt classée contre le braconnage, l'exploitation forestière et son occupation par les champs
FP: réalisation des feux précoces dans la série de protection
MF: mobilisation des fonds sur l'exploitation des ressources naturelles par des privés et/ou comités
RT : reboisement de la série de protection;
CUA : franche collaboration entre les structures de cogestion (CVDD, CEGRN, CRDRN), les Chefs d'Unité d'Aménagement et les Confréries Villageoises des Chasseurs

De l'analyse de la figure 28, il ressort que, sur huit (8) activités des CVDD et des CEGRN, quatre (4) n'ont pas du tout été réalisées. Il s'agit du reboisement de la série de protection (RT), de la réalisation des feux précoces dans la série de protection (FP), de la mobilisation des fonds sur l'exploitation des ressources naturelles par des privés et/ou comités (MF) et de la franche collaboration entre les structures de cogestion, les Chefs d'Unité d'Aménagement et les Confréries Villageoises des Chasseurs (CUA). Trois activités à savoir : la sensibilisation des populations sur les règles de gestion des ressources naturelles (SP), les réunions entre les structures de cogestion, les prestataires et les représentants de l'État (TRS) et la surveillance de la forêt classée contre le braconnage, l'exploitation forestière et son occupation par les champs (SS) ont un score moyen de réalisation variant entre 0 et 2,5 points. Ces activités ont été très peu réalisées.

Les réunions des membres de CVDD et de CEGRN (RM) ont un score moyen variant entre 2,5 et 5 points; l'activité est peu réalisée.

Dans l'ensemble, les CVDD et CEGRN n'ont pas pu réaliser les activités contenues dans leur cahier de charge. Hormis des réunions organisées dans l'intention de mobiliser des fonds auprès des exploitants, ces structures ont été incapables de conduire les activités techniques permettant de protéger les ressources des Monts Kouffé.

7.5.1.3. Score moyen des prestataires

Le score moyen des prestataires est présenté sur la figure 29.

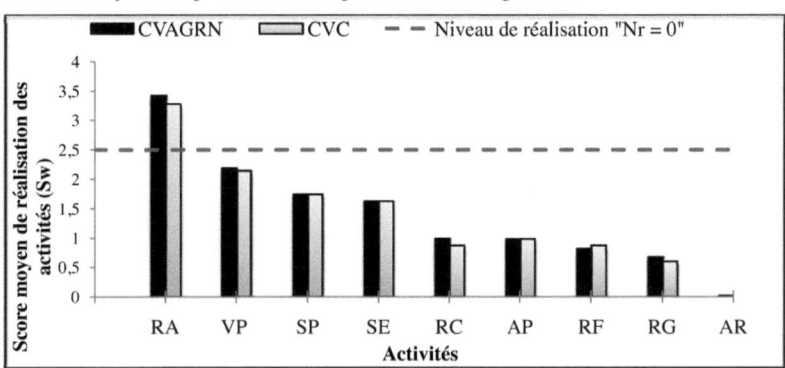

Figure 29 : Scores moyens des CVAGRN et CVC
Source : Travaux de terrain, 2012

RA : Réunion avec les ADL
VP : Entretien des plantations installées par le projet PAMF
SP : Surveillance des plantations contre les incendies et les transhumants
SE : Surveillance de la forêt classée contre le braconnage, l'exploitation forestière et son occupation par les champs
RC: Réunion avec les Chef d'Unité d'Aménagement
AP : Appui des structures de cogestion à l'entretien des plantations ;
RF: Réunion avec les Chefs Postes Forestiers
RG : Réunion avec les structures de cogestion
AR : Appui des structures de cogestion au regarnissage des plantations

De l'analyse de la figure 29, il ressort que la quasi-totalité des activités des prestataires (CVAGRN et CVC) a un score moyen variant entre 0 et 2,5 points. Les activités ont été donc très peu réalisées par les prestataires. Les réunions entre les ADL et les prestataires (RA) ont un score plus élevé variant entre 2,5 et 3,5 points, valeurs inférieures à la moyenne (5points).

Par ailleurs, tous les pépiniéristes ont abandonné la production des plants après le projet PAMF. Ainsi, 100 % se sont attribués une note zéro (0). Le score moyen S_W de leur activité est nul dans tous les six secteurs.

7.5.2. Score d'efficacité des structures de cogestion

Les valeurs des scores d'efficacité (S_{eff}) des structures devant pérenniser les acquis du projet PAMF sont dans l'ensemble inférieures à la moyenne (figure 30). Aucune structure n'a pu totaliser un score d'efficacité de 5 points, en raison du faible score moyen des activités (S_ω) réalisées.

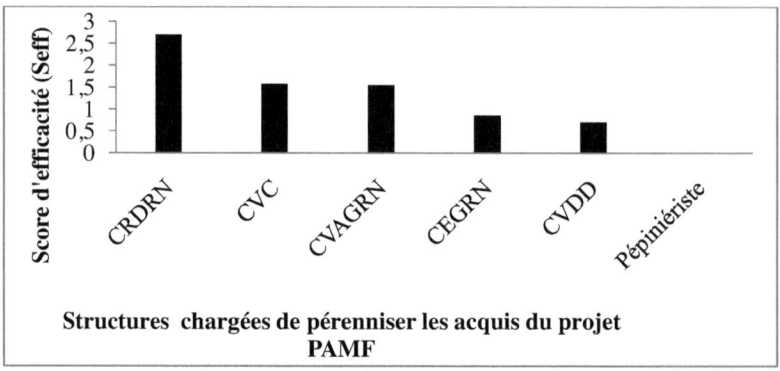

Figure 30 : Score d'efficacité par structures
Source : Travaux de terrain, 2012

De l'analyse de la figure 30, il ressort que les scores d'efficacité varient de 0 à 2,7 points. Les pépiniéristes ont un score nul, puisque 100 % des enquêtés ont abandonné la production des plants. En définitive, les structures de cogestion des ressources naturelles responsabilisées à réaliser les activités contenues dans le plan d'aménagement ont été inefficaces. Cette situation s'explique par plusieurs raisons.

7.6. Raisons d'inefficacité des structures de cogestion

L'inefficacité des structures de cogestion est liée d'une part, à la mauvaise collaboration entre les forestiers et lesdites structures, et d'autre part, au manque de ressources financières.

7.6.1. Rapports conflictuels entre forestiers et structures de cogestion, un handicap pour la pérennisation des acquis du projet PAMF

Les rapports entre les structures locales et les forestiers (Chef Poste Forestier et Chef d'Unité d'Aménagement) sont caractérisés par un conflit d'intérêts. Au lieu de s'entendre pour pérenniser les acquis du projet, les structures de cogestion et les forestiers se livrent à des conflits, ce qui profite aux exploitants qui intensifient leur pression sur les ligneux.

Selon les forestiers, les structures de cogestion, tentent de se substituer aux agents des eaux et forêts. Elles saisissent des tronçonneuses, arrêtent les camions chargés de madriers, des pièges et fusils, etc., sans les rendre aux agents assermentés.

Pour les structures de cogestion, ce sont les forestiers qui suscitent et entretiennent l'exploitation anarchique des ressources forestières des Monts Kouffé. Selon leurs dires, les objets saisis qui leur sont confiés, seraient ensuite illégalement rétrocédés par ces derniers aux exploitants. Ainsi, les mêmes objets seraient régulièrement saisis auprès des mêmes exploitants. Certains forestiers sont soupçonnés d'être corrompus par les exploitants, ce qui ne leur permet pas de jouer efficacement leur rôle de protection. Ce constat a démotivé les membres de CVC qui ont fini par abandonner progressivement la surveillance. Certains se sont reconvertis en exploitants ou servent de guides pour indiquer les espèces végétales recherchées par les exploitants. D'autres, déçus, comme le chef des chasseurs de la Commune de Bantè, s'exclame :

Encadré 3 : Déclaration du chef des chasseurs de la Commune de Bantè sur le bilan des activités de surveillance de la forêt classée

> Nous regrettons d'avoir fourni tant d'efforts pour la surveillance des Monts Kouffé pendant la phase active du projet PAMF. Nous nous sommes créés beaucoup d'ennemis en empêchant l'entrée des braconniers et des exploitants de bois. Nous avons été agressés, envoutés, empoisonnés par les ennemis. Au moment de jouir des fruits de nos efforts, le projet PAMF nous a abandonnés et confiés aux mains d'une catégorie de forestiers prêts à détruire les ressources plutôt qu'à les protéger. Ils nous livrent à nos ennemis d'hier, chez qui nous avons arraché des fusils, des scies, des pièges, etc.

7.6.2. Manque de moyens financiers, une contrainte pour le fonctionnement des structures de cogestion

Les activités confiées aux structures de cogestion nécessitent des moyens financiers dont elles ne disposent pas. Pour réaliser les travaux d'aménagement forestier, elles doivent faire appel aux compétences techniques de prestataires. Pour surveiller la forêt, elles doivent solliciter l'appui technique des Confréries Villageoises des Chasseurs (CVC). Pour délimiter les séries ou reboiser des trouées, elles doivent solliciter la prestation des CVAGRN. La réalisation de ces activités nécessite des fonds dont les structures de cogestion ne disposent pas. Les 2 % prélevés sur le contrat des prestataires pendant la phase active du projet étaient insignifiants pour engager une activité d'aménagement. Ces fonds n'ont servi qu'à acheter des fournitures de bureau aux CVDD. Ce manque de ressources financières a limité la collaboration entre structures de cogestion et prestataires dont l'argent avait été leur principal facteur de motivation pendant la phase active du projet PAMF.

7.7. Facteurs de motivation des comités de reboisement (CVAGRN) pour l'aménagement des Monts Kouffé pendant la phase active du projet PAMF

Trois (3) facteurs principaux ont suscité l'adhésion des populations aux activités du projet PAMF. Il s'agit de la recherche de l'argent, la recherche des infrastructures sociocommunautaires promises par la direction du projet PAMF, et le volontariat. Mais, d'après les résultats du test de concordance de Kendall, l'argent a été pour les comités de reboisement, l'élément le plus motivant (tableau XIII).

Tableau XIII : Ordre hiérarchique des facteurs de motivation pour l'aménagement des Monts Kouffé par les comités de reboisement/CVAGRN

Motivations	Rang moyen	Ordre
Gagner de l'argent	1,27	1
Bénéficier des infrastructures sociocommunautaires promises par le projet PAMF	2,05	2
Volontariat	2,67	3
Test de concordance de Kendall : W=0,492; Chi-deux ($\chi2$) = 54,145 ; ddl = 2; p =0,000		

Source : Enquêtes de terrain, 2013

Le coefficient de Kendall W est égal à 0,492 avec la probabilité p =0,000. Ce test est hautement significatif au seuil de 5 % même si le coefficient W indique une faible concordance dans la hiérarchie établie. Le désir de gagner de l'argent, de bénéficier des infrastructures sociocommunautaires promises par le projet PAMF et le volontariat sont dans cet ordre la première, la deuxième et la troisième motivation sous-tendant l'aménagement des Monts Kouffé pendant la phase active du projet PAMF.

7.8. Facteurs de motivation des pépiniéristes pour l'aménagement des Monts Kouffé pendant la phase active du projet PAMF

L'argent a été également le facteur principal qui a motivé les pépiniéristes à produire les plants pour l'aménagement des Monts Kouffé (tableau XIV).

Tableau XIV : Ordre hiérarchique des facteurs de motivation selon les pépiniéristes

Motivations	Rang moyen	Ordre
Gagner de l'argent	1,14	1
Volontariat	2,14	2
Bénéficier des infrastructures sociocommunautaires promises par le projet PAMF	2,73	3
Test de concordance de Kendall : W=0,647; Chi-deux (χ2) = 28,455 ; ddl = 2 ; p =0,000		

Source : Enquêtes de terrain, 2013

Le coefficient de Kendall W associé à ce test est égal à 0,647. Ce coefficient est proche de 1 ; ce qui est le reflet d'une forte concordance entre les classements faits par les pépiniéristes. Le test est significatif (p = 0,000 ≤ 0,05) au seuil de 5 %. Le désir de gagner de l'argent, le volontariat et le souhait de bénéficier des infrastructures sociocommunautaires promises par le projet PAMF sont dans cet ordre la première, la deuxième et la troisième motivation sous-tendant l'aménagement des Monts Kouffé par les pépiniéristes.

7.9. Facteurs de motivation des Confréries Villageoises des Chasseurs (CVC) pour l'aménagement des Monts Kouffé

L'engagement volontaire pour la sauvegarde des ressources naturelles des Monts Kouffé en pleine disparition a été le premier facteur qui a motivé les chasseurs à s'impliquer dans le projet d'aménagement forestier (tableau XV).

Tableau XV : Ordre hiérarchique des facteurs de motivation pour l'aménagement des Monts Kouffé par les Confrérie Villageoises des Chasseurs (CVC)

Motivations	Rang moyen	Ordre
Volontariat	1,23	1
Gagner de l'argent	1,87	2
Bénéficier des infrastructures sociocommunautaires promises par le projet PAMF	2,90	3

Test de concordance de Kendall : W= 0,706 ; Chi-deux ($\chi2$) = 155,248 ; ddl =2; p =0,000

Source : Enquêtes de terrain, 2013

Les résultats du test de concordance Kendall donnent un coefficient de concordance W égal à 0,706. Ce coefficient est proche de 1 ; ce qui est le reflet d'une forte concordance entre les classements faits par les chasseurs. Le test est significatif (p = 0,000 ≤ 0,05) au seuil de 5 %. On peut alors conclure que le premier facteur qui a amené les chasseurs à surveiller la forêt est le volontariat. Le second facteur est la recherche de l'argent, une ressource indispensable pour l'achat des matériels de surveillance (chaussures, fusils, coupe-coupe, cartouche, etc.) et d'autres biens (matériels roulants, nourritures, etc.). Le troisième facteur (dernier), est le désir de bénéficier des infrastructures sociocommunautaires promises aux populations par le projet PAMF.

En général, hormis les chasseurs, l'argent a été le premier facteur motivant les autres prestataires pour l'aménagement des Monts Kouffé pendant la phase active du projet PAMF. Malgré l'approche participative, la forêt classée est selon les prestataires une « propriété de l'État » où l'on va pour manœuvrer et gagner de l'argent. Même si l'amour pour la protection des ressources naturelles existe, il est faible. Les structures locales de cogestion n'ont pas pu exécuter les activités qui leur ont été confiées faute d'une mobilisation suffisante de fonds pour payer les prestataires. Un aménagement basé principalement sur la recherche pécuniaire ne saurait être durable.

7.10. Forces et limites des structures de cogestion

Le modèle SWOT (figure 31) présente les forces, les opportunités et les limites des structures de cogestion.

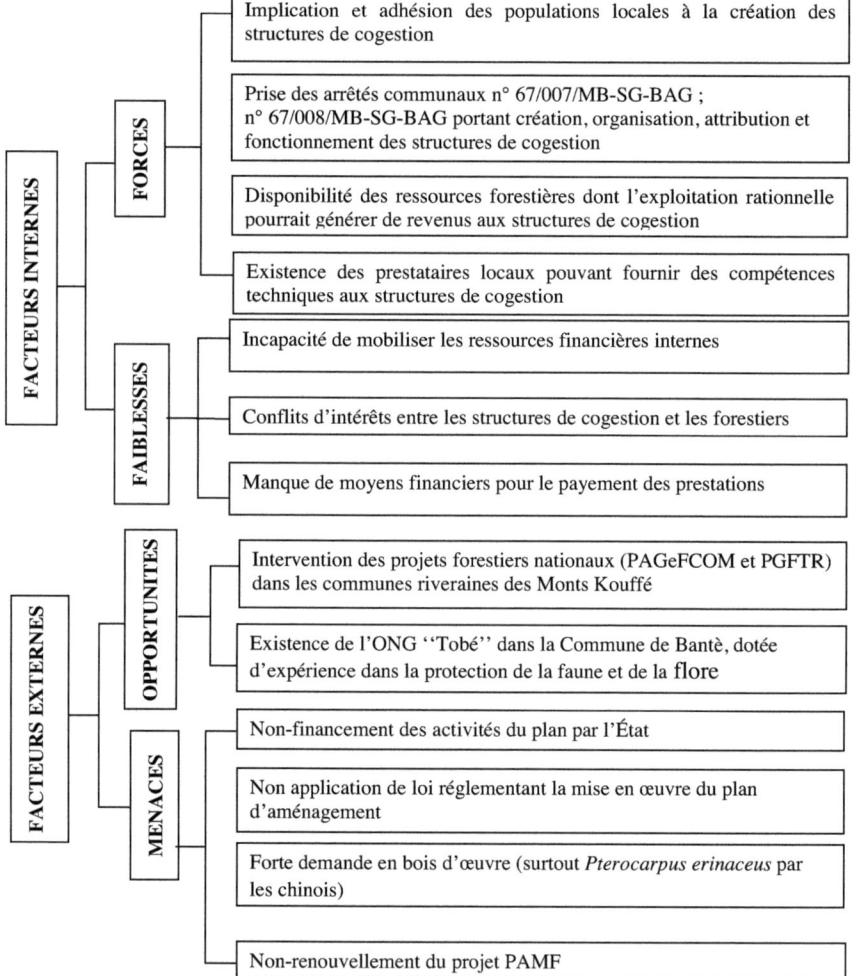

Figure 31: Modèle d'analyse des forces et limites des structures de cogestion

Source : ODJOUBERE, octobre 2013

L'analyse de la figure 31 montre que certains facteurs internes et externes sont favorables au fonctionnement des structures de cogestion, tandis que d'autres constituent des handicaps pour la réalisation de leurs activités.

- **Facteurs internes et externes favorables aux activités des structures de cogestion**

Au niveau interne, l'implication et l'adhésion des populations locales à la création des structures de cogestion est une force capitale pour la pérennisation des acquis du projet PAMF. Cette implication des populations a permis de rompre avec la logique de gestion unilatérale des aires protégées par l'État. La "gestion gendarme" ne cadre pas avec l'approche participative utilisée dans ce contexte. De fait, l'État reconnaît à travers les structures de cogestion qu'un grand nombre de communautés locales dépend étroitement des ressources forestières sur lesquelles est d'ailleurs fondée une partie de leurs traditions notamment en matière de médecine endogène, et qu'il est souhaitable d'assurer le partage équitable des avantages découlant de l'utilisation des connaissances, innovations et pratiques traditionnellement intéressant les ressources forestières.

Cette volonté de confier la gestion des ressources aux populations locales s'est traduite par la prise des arrêtés communaux (n° 67/007/MB-SG-BAG et n° 67/008/MB-SG-BAG) garantissant aux structures de cogestion et aux autorités locales leurs intérêts, tant économiques, socioculturels que politiques. Ces arrêtés auraient permis certainement de mettre le processus de cogestion à l'abri des diverses menaces. Une part non négligeable des bénéfices issus de l'exploitation des ressources disponibles dans les Monts Kouffé est proposée pour être destinée aux populations :

- 15 % des recettes issues de la vente de coupe est réservé aux structures de cogestion et 5 % revient à la commune;

- 15 % des recettes issues de la vente du charbon est destiné aux structures de cogestion et 5 % à la commune;

- 30 % des recettes issues de l'exploitation de la faune est réservé aux structures de cogestion et 10 % revient à la commune;

- 50 % des fonds issus des contributions par tête de bétail va aux structures de cogestion et 15 % à la commune;

- 40 % des fonds issus de la pêche est réservé aux structures de cogestion et 10 % pour la commune;

- 40 % des recettes issues de l'exploitation des produits forestiers non ligneux revient aux structures de cogestion et 10 % à la commune;

En outre, les personnes ressources ayant des compétences techniques pour appuyer les structures de cogestion dans l'exécution du plan d'aménagement existent au niveau local. Il s'agit :

- des Comités Villageois de Suivi des Actions pilotes d'aménagement et de Gestion des Ressources Naturelles (CVAGRN) qui, formés par le projet PAMF, ont la capacité technique de délimiter la série de protection, de reboiser les trouées et de tracer les couloirs de transhumance;

- des Confréries Villageoises des Chasseurs (CVC), aptes à la surveillance de la série de protection contre toute exploitation illégale;

- des pépiniéristes capables de produire des plants pour le reboisement de la série de protection;

- des apiculteurs pour l'occupation de la série de protection par les ruches, la production du miel et la valorisation de ces sous-produits.

A ces forces internes, s'ajoutent des opportunités externes, lesquelles, valorisées, pourraient permettre aux structures de cogestion d'exécuter les activités du plan. Il s'agit du Projet de Gestion des Forêts et Terroirs Riverains (PGFTR) et du Projet d'Appui à la Gestion des Forêts Communales (PAGEFCOM) qui sont en cours d'exécution dans les villages riverains des Monts Kouffé. Ces deux projets pourraient appuyer les structures de cogestion dans certaines de leurs activités, notamment la surveillance et la sensibilisation des populations sur les règles de gestion des ressources naturelles. De plus, la présence de l'ONG '' Tobé'' dans la Commune de Bantè, une commune riveraine des Monts Kouffé est une opportunité pour les structures de cogestion. En effet, Tobé est une ferme apicole installée à Koko depuis1984 par des expatriés Alain RATIE et Karin OSTERTAG qui l'ont valorisé pour l'apiculture, la protection de la faune et de la flore. L'expérience positive de ces expatriés constitue une opportunité pour les structures de cogestion. Ces dernières pourraient solliciter l'expertise de ces expatriés afin d'installer les ruches dans la série de protection. Le développement de l'apiculture a l'avantage d'aider à la protection des espaces forestiers et d'améliorer des revenus des apiculteurs. Malgré ces atouts, certains facteurs empêchent la réalisation des activités confiées aux structures de cogestion.

- **Facteur internes et externes empêchant l'exécution du Plan d'Aménagement Participatif par les structures de cogestion**

La réalisation des activités du plan nécessite des ressources internes et externes. Les premières devraient provenir de l'exploitation légale des ressources forestières, de la contribution des occupants des terres de cultures en forêt, de pâturage en forêt, de l'apiculture, etc. Or, lesdites ressources n'ont pas pu être mobilisées à cause des conflits d'intérêts entre les structures de cogestion et les forestiers.

Les deuxièmes devraient être les contributions financières de l'État, car l'aménagement des forêts ne peut à court terme être rentable sans une contribution de l'État. A cet effet, il est prévu dans le PAP que l'État mette au début du plan, un fonds à la disposition des structures de cogestion pour l'exécution annuelle des activités. Ce fonds devra couvrir au moins les activités à exécuter au cours de la première année d'exécution du plan. Cette responsabilité de l'État est confirmée au plan juridique par l'article 49 de la loi n° 93-009 du 2 juillet 1993 portant régime des forêts en République du Bénin qui stipule que :'' pour la mise en œuvre du plan d'aménagement dans le cadre d'un contrat de gestion conclu avec les collectivités riveraines, l'Administration Forestière doit :

- mener auprès des collectivités riveraines des actions de sensibilisation, d'information, de vulgarisation, de conseil et d'appui technique ;

- apporter à ces collectivités des aides ou des incitations matérielles, financières ou sociales aux actions prévues dans les plans d'aménagement''.

L'État n'a pas pu jouer ce rôle régalien, d'encadrement et de financement des structures de cogestion.

La non-application de la loi réglementant la mise en œuvre du plan d'aménagement, le manque des ressources financières internes et externes ont pour conséquence le désarroi des structures de cogestion et leur incapacité à faire appel aux prestataires chargés de les appuyer techniquement dans l'exécution des activités du plan.

Par ailleurs, la forte demande en *Pterocarpus erinaceus* par les Chinois a été également identifiée comme une sérieuse menace pour les structures de cogestion. En effet, en raison de la pression du marché du bois sur cette espèce, les structures de cogestion qui s'opposent à l'exploitation forestière ont pu être contournées par les exploitants illégaux qui établiraient des relations directes avec certains forestiers.

Enfin, le non-renouvellement du projet PAMF a été une limite pour les structures de cogestion. En effet, ces dernières n'ont été mises en place que deux (2) ans seulement avant la fin de la première phase du projet PAMF. Ce temps jugé très court par lesdites structures, ne leur a pas permis d'être opérationnelles pour réaliser les activités du plan. Une deuxième phase du projet s'avère donc nécessaire pour le renforcement des capacités des structures de cogestion et la mobilisation des ressources financières internes.

Face aux menaces qui empêchent l'exécution du Plan d'Aménagement Participatif par les structures de cogestion, des mesures ont été proposées afin de transformer les faiblesses en forces et les menaces en opportunités.

- **Stratégies pour minimiser les faiblesses et les menaces**

L'État doit asseoir une politique permanente et fonctionnelle de bonne gouvernance des aires classées. Celle-ci doit passer d'abord par la sensibilisation des Agents des Eaux et Forêts sur la notion de conscience professionnelle. 100 % des structures de cogestion interviewées sur le terrain ont estimé que leur échec est dû aux comportements de certains forestiers qui font semblant de protéger les ressources forestières mais en réalité seraient à la base de leur destruction.

L'État, à travers la Direction Générale des Forêts et Ressources Naturelles (DGFRN) doit rétablir le dialogue entre les structures de cogestion et les forestiers. Un dialogue permanent entre ces deux partenaires favorisera à coup sûr une gestion efficience de la série de protection, qui s'en porterait mieux. Cette collaboration permettra de mobiliser les ressources financières internes, car l'exploitation des ressources forestières serait mieux contrôlée. Il importe aussi de noter l'importance d'investisseurs privés pour la gestion des aires protégées. Le privé peut créer des emplois ayant un impact direct sur l'état des ressources naturelles. Par exemple, le recrutement de certains braconniers à Koko par l'ONG ''Tobé'' a permis non seulement leur reconversion, mais aussi la constitution d'un réseau de sensibilisation et d'information. Les ONG pourraient s'appuyer sur les structures de cogestion pour organiser régulièrement des séances de sensibilisation à l'égard de la population.

Enfin, l'État doit réaffirmer son rôle central dans la création d'un environnement politique et légal garantissant le renouvellement du projet et la pérennité des accords locaux ou nationaux autour de la gestion des ressources communes.

CHAPITRE VIII : DISCUSSION DES RÉSULTATS

8.1. Facteurs directs de pression sur les ligneux et caractérisation de la végétation épargnée dans la série de protection

L'étude a révélé que dans la série de protection des Monts Kouffé, 28 % des espèces est abattu et mort sur pied sous l'effet des facteurs anthropiques et naturels. L'agriculture a contribué pour plus de (15 %) des espèces disparues. Elle représente le facteur le plus destructif des ligneux de la série de protection. Des études d'estimation de la déforestation, essentiellement tropicale facilitées par la télédétection ont été réalisées ces quarante dernières années par la FAO. Elles ont montré que l'élevage, les feux de végétation et l'agriculture sont les facteurs déterminants de la dégradation des forêts. Mais, de façon particulière, l'agriculture contribue pour 45 % à la déforestation (FAO, 2002) et de ce fait, reste le facteur direct global largement prépondérant. Ce résultat est similaire à celui de la présente étude, même si, la FAO s'est fondée sur la télédétection et non un inventaire forestier.

Au Bénin, beaucoup d'études ont été menées sur les facteurs de dégradation des forêts (Sinsin,1993; Tenté, 2000; Tenté, 2005; Lawin, 2012; Arouna, 2012; Toko *et al.*, 2012; Ahomagnon, 2013; Dagbéto, 2013; Orékan *et al.*, 2013). Même si les milieux d'étude et les approches méthodologiques n'ont pas été identiques, des résultats similaires plaçant l'agriculture au premier rang ont été obtenus.

Une étude réalisée sur les forêts classées de Tchaourou-Toui et Kilibo au centre du Bénin, par Dagbéto (2013), a montré que l'élevage, l'exploitation du bois d'œuvre, la carbonisation et l'emprise agricole sont par ordre d'importance, les activités anthropiques qui affectent les groupements végétaux de ces aires protégées. Ce résultat est similaire à celui de la présente étude en terme des facteurs de dégradation, mais contraste en terme d'importance dans la dégradation des ligneux. Ce qui s'explique par l'approche méthodologique utilisée par l'auteur. En effet, elle est fondée sur l'inventaire des relevés affectés par chaque facteur de pression, et non sur le nombre d'espèces affectées. Ainsi, l'importance des activités anthropiques a été analysée à travers des taux de relevés affectés par l'agriculture, l'élevage, la carbonisation, l'exploitation du bois d'œuvre, etc. Les éleveurs étant très mobiles, leurs signes de passage ont été plus enregistrés dans plusieurs placeaux.

Hormis les activités humaines, l'érosion a été un facteur naturel qui agit sur les ligneux de la série de protection. Les arbres situés sur les versants du cours d'eau Adjiro, semblent soulevés au-dessus du sol et portés par leurs racines comme par des échasses. D'autres, asphyxiés finissent par tomber. Les activités humaines renforcent l'agressivité de l'érosion dans la série de protection, un espace en forme de vallée. Ce résultat corrobore celui de Le Clech (1998), pour qui l'érosion est liée non seulement aux conditions naturelles du milieu, mais aussi, aux facteurs culturaux, pédologiques et topographiques (Benchaabane, cité par Tenté, 2005) (figure 32).

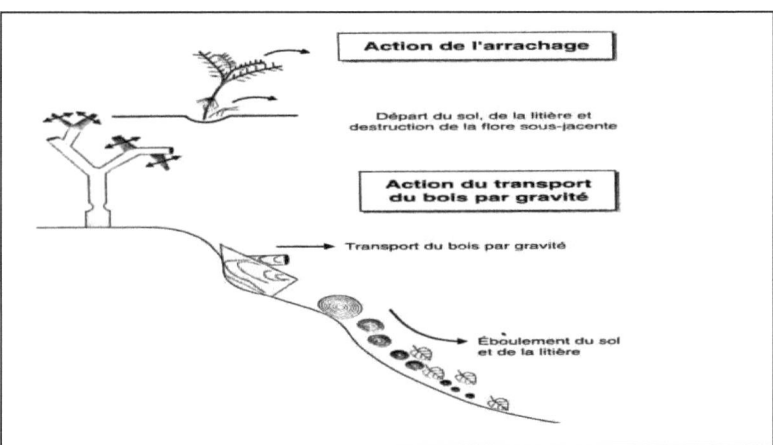

Figure 32 : Schéma illustrant l'érosion et le transport du bois par gravité (adapté de Benchaabane, cité par Tenté, 2005)

Cette morphologie fait de cette série, un écosystème particulier et, de ce fait, devrait être exempte des activités destructrices du couvert végétal (PAP MK, 2007). La série de protection est aujourd'hui sous la pression des agriculteurs, des charbonniers, des exploitants de bois d'œuvre des éleveurs et de l'érosion. La première hypothèse est vérifiée : l'agriculture, l'exploitation du bois d'œuvre, la carbonisation, l'érosion et le pâturage constituent les principaux facteurs directs de menace et de pression sur les ligneux de la série de protection.

8.2. Caractérisation de la végétation épargnée dans la série de protection

8.2.1. Diversité des espèces épargnées par secteur de la série de protection

La série de protection conserve une diversité d'espèces, malgré la pression des agriculteurs, exploitants forestiers et éleveurs. 58 espèces appartenant à 24 familles ont été recensées sur l'ensemble des 224 placeaux installés dans la série de protection. Cette richesse globale en espèces et familles est quasi-égale à celle obtenue par Dagbéto (2013) dans les forêts classées de Tchaourou-Toui et Kilibo au centre du Bénin. Par contre, elle est nettement supérieure à celle obtenue par Orékan *et al.* (2013) dans la forêt classée de N'dali (nord du Bénin). Cette différence s'explique par la forte anthropisation de la forêt classée de N'Dali, et par conséquent, la disparition de plusieurs espèces. De même, le nombre de placeaux d'inventaire forestier installés dans la forêt classée de N'dali est nettement inférieur à celui de la série de protection. Ainsi, il est probable d'y inventorier moins d'espèces.

Cette richesse est inférieure à celles obtenues par Wala (2004) dans les formations boisées au nord- Bénin, Mbayngone *et al.* (2008) dans la réserve de Pama au sud-est de Burkina-Faso, Ouédraogo et Ouoba (2004) dans les savanes et forêts claires sud soudaniennes plus humides de Bansié et Niangoloko au sud-ouest de Burkina-Faso.

Les 3 familles les plus importantes sont dans l'ordre : les Leguminosae (23,66 %) Combretaceae (7,66 %) et Rubiaceae (5,66 %). Ces familles sont également rapportées par Adjonou *et al*. (2009) et Mbayngone *et al*. (2008) comme faisant partie de celles les plus riches des forêts claires du Parc national Oti-Kéran (Togo) et de la réserve de Pama au sud-est de Burkina-Faso.

En effet, les Rubiaceae et Euphorbiaceae sont présentes dans toutes les phytocénoses tant guinéennes que soudaniennes, mais sont fortement concurrencées en zone soudanienne par les Combretaceae et Leguminosae. Ces observations rejoignent celles de Biaou (1999) qui suggère un regroupement des types forestiers du Bénin en deux ensembles suivant leur prédominance en Rubiaceae et Combretaceae. La prédominance des Rubiaceae, Leguminosae et Combretaceae dans la zone d'étude s'explique par le fait qu'elles sont les plus représentées dans les formations végétales du couloir sec dahoméen (White, 1986). Ces résultats sont semblables à ceux de Trékpo (1999) dans la forêt classée de Ouénou- Bénou au nord-est du Bénin. De plus, la prédominance des Leguminosae et Combretaceae a été évoquée par Schmitz (1971) comme celles dominantes des savanes des zones tropicales sèches et comme étant caractéristique des forêts soudano-zambéziennes. Ainsi, les Leguminosae et Combretaceae sont plus représentées dans les formations les plus ouvertes (forêts claires et savanes). Ces observations concordent avec celles effectuées par Yayi (1998) dans la forêt classée de l'Ouémé supérieur au nord-Bénin, Schmitz (1971), Adjanonhoun et Aubreville cités par Biaou (1999) et, Idjigbérou (2007) dans les forêts villageoises et forêts classées du centre et nord-Bénin. Tous ces résultats confirment la position soudano-guinéenne du massif forestier étudié.

La richesse par placeau varie entre 5,35 (secteur Biguina) et 8,75 (secteur Okouta-Ossé) mais avec des coefficients de variation supérieurs à 50 %. La valeur de l'indice de Shannon (H') oscille entre 4,03 et 4,51 bits pour l'ensemble des secteurs de la série de protection mais, varient d'un secteur à un autre. Les différents secteurs décrits sont relativement diversifiés. La deuxième hypothèse est vérifiée : les paramètres structuraux et de diversité de la végétation épargnée varient d'un secteur à un autre au sein de la série de protection.

Ces valeurs de l'indice de Shannon sont plus élevées que celles trouvées par Biaou (1999) dans la forêt de Bassila et Sounon Bouko *et al.* (2007) dans la forêt classée de Wari-maro au centre-ouest du Bénin. Par contre, ces valeurs sont similaires à celles obtenues par Yayi (1998) dans la forêt classée de l'Ouémé supérieure par Saddikou (1998) dans la Djona à l'extrême nord-est du Bénin.

8.2.2. Spectres de distribution des espèces

Elles prennent en compte les types biologiques et les types phytogéographiques.

8.2.2.1. Types biologiques

Dans tous les secteurs de la série de protection, prédominent les phanérophytes. La prédominance de ce type biologique dans les forêts tropicales a déjà été dénoncée par de nombreux travaux dont Tenté (2005), Toko (2008), Arouna (2012), etc. Selon Schmitz (1971), cette situation s'explique par le fait que les phanérophytes ont des bourgeons protecteurs qui leur permettent de s'adapter aux feux et aux mauvaises saisons. Mais, si les auteurs s'accordent sur l'abondance des phanérophytes dans les forêts tropicales, leurs résultats sur la prédominance d'un quelconque sous groupe sont très discordants. Ainsi, dans le cas de la présente étude, ce sont les microphanérophytes qui contribuent en grande partie dans le spectre biologique. Ce résultat est similaire à celui de Gbaguidi (1998), dans les forêts sacrées du département de l'Ouémé. Cette situation est certainement due à l'action anthropique sur ces forêts. Par contre, Yayi (1998) dans la forêt classée de l'Ouémé supérieur, Amakpé (1998) dans la forêt classée des Trois Rivières, Trèkpo (1999) dans la forêt classée de Ouénou-

Bénou, Biaou (1999) dans la forêt classée de Bassila, Toko (2008) dans la forêt classée de Wari-Maro observent, une forte prédominance des mésophanérophytes. De même, Mbayngone *et al.* (2008) ont rapporté la prédominance des mésophanérophytes dans leurs travaux. Cette diversité des résultats, s'expliquerait par les activités humaines comme le pâturage, l'exploitation agricole et les coupes anarchiques. Selon Mbayngone *et al.* (2008), l'homme dans ses activités culturales opère une sélection qui favorise certaines espèces végétales, influençant de facto la physionomie de la végétation originelle.

8.2.2.2. Types phytogéographiques

Les espèces soudaniennes prédominent suivies des espèces à distribution continentale (E-DC) avec une faible proportion d'espèces guinéennes. La présence des éléments soudaniens, guinéens et soudano-zambéziens dans la flore de la zone confirme l'appartenance de cette dernière à la zone de transition soudano-guinéenne. Cependant, la très forte proportion des éléments soudaniens sur ceux guinéens confère une forte affinité phytogéographique de la zone d'étude avec la zone soudanienne.

La forte proportion des espèces à distribution continentale (E-DC) est due au fait que la plupart des arbres ont une répartition géographique très vaste, due à une amplitude écologique très grande (White, 1986).

Les espèces à large distribution géographique (E-LDG) apparaissent dans les secteurs Aoro, Biguina, Kprèkètè et Okouta-Ossé. En effet, dans ces secteurs ont été inventoriées les espèces telles que *Anacardium occidentale*, *Mangifera indica*, *Tectona grandis* et *Gmelina arborea*. Ce qui traduit une perturbation relative de ces secteurs par les activités anthropiques. Ce résultat confirme celui de Sinsin (2001) selon lequel le taux élevé des espèces à large distribution est un indice de perturbations et de la perte de la spécificité de la flore. Les forêts classées ne bénéficient que d'une protection de façade. Les populations cherchent à remplacer les essences autochtones par les plantations qui leur génèrent des revenus. Cette observation rejoint celle de Schnell, cité par Nshimba (2008), qui signale qu'à part la destruction souvent rapide des groupements végétaux, l'action de l'homme intervient dans l'introduction volontaire et involontaire de nouvelles espèces.

8.3 Perception des groupes socioprofessionnels sur les facteurs de dégradation des
ligneux de la série de protection

Les facteurs directs responsables de la dégradation des ligneux sont multiples. Les résultats de l'inventaire réalisé dans la série de protection placent l'agriculture au premier rang parmi les facteurs. En termes de pieds d'arbres abattus, cette activité est ravageuse des ligneux. Ce résultat est en lien avec le point de vue des charbonniers, des exploitants de bois d'œuvre et des Peulhs qui placent les agriculteurs comme les premiers destructeurs des ligneux. Les résultats de Sounon Bouko *et al.* (2007) révèlent également qu'en termes d'espace, l'emprise agricole détruit plus rapidement la couverture végétale en épargnant ni les herbacées ni les ligneux sauf si ces derniers ont une valeur économique importante. Les parcelles, une fois défrichées, poursuivent les mêmes auteurs, les arbres et les arbustes qui s'y trouvent sont détruits pour permettre aux cultures de profiter au maximum de la lumière solaire.

L'élevage, la carbonisation et l'exploitation du bois d'œuvre, quant à eux, entament la végétation de façon sélective avec modification d'état, de structure spatiale et de composition de la population des espèces de valeur socioculturo-économiques (Buerkert *et al.*, 2002). Les espèces telles que : *Prosopis africana*, *Pterocarpus erinaceus, Afzelia africana, Khaya senegalensis* et *Anogeissus leiocarpa* qui sont à la fois étêtées, abattues et calcinées à la base (mortes sur pieds) sont plus sous pression que celles moins convoitées par les populations. Elles sont recherchées à la fois par les exploitants, les charbonniers et les éleveurs. Ces pressions entraînent des perturbations au niveau de la population de ces espèces.

De même, dans la Commune de Djidja, les populations ont perçu que l'agriculture, l'exploitation forestière et la carbonisation, sont par ordre d'importance, les déterminants directs de dégradation des ligneux pendant que l'élevage y contribue dans une moindre mesure (Arouna, 2012). Ces résultats corroborent ceux de la présente étude et confirment la pertinence du point de vue des exploitants du bois d'œuvre, des charbonniers et des éleveurs.

La perception des groupes socioprofessionnels sur les facteurs directs de la dégradation des ligneux varient en fonction de leurs intérêts. Face à cette situation, il est difficile que ces groupes apprécient avec objectivité l'impact négatif de leur activité sur les ligneux. La troisième hypothèse est vérifiée : la perception sur l'importance des facteurs de menace et de pression sur les espèces ligneuses des Monts Kouffé varie d'un groupe socioprofessionnel à un autre.

En ce qui concerne les facteurs indirects de dégradation des ligneux, même s'ils sont perçus différemment par les groupes socioprofessionnels, l'unanimité est faite sur certains facteurs, notamment ''la pauvreté monétaire''. Ce facteur a été perçu par tous les acteurs comme étant le déterminant indirect le plus destructif des ligneux. En effet, la majorité des riverains des Monts Kouffé étant des agriculteurs, ils sont confrontés à quatre problèmes fondamentaux, sources de leur pauvreté. Le premier, est l'occupation de la quasi-totalité des terres agricoles par les plantations de *Anacardium occidentale*. Ce qui a entraîné, la réduction de la taille d'exploitation, et par conséquent, l'amenuisement des revenus agricoles. Le deuxième, est lié au faible rendement des plantations d'anacardiers alors que l'espoir des populations est fondé sur cette culture. En effet, selon les dires des populations, les anacardiers sont de moins en moins productifs. Ils connaissent les effets néfastes des ravageurs, en particulier du coléoptère *Mecocorynus loripes*. De plus, les fourmis rouges *Atta colombica* enroulent les feuilles et les fleurs, les détruisent puis les font tomber. Le troisième est que les productions agricoles en général, subissent les effets négatifs des aléas climatiques. Enfin, les terres agricoles sont de plus en plus pauvres, alors que les agriculteurs, faute de moyens financiers n'arrivent pas à s'acheter des engrais chimiques pour fertiliser leurs terres. Ces résultats corroborent ceux de Biao (2011) qui estime que la ruée des populations de la Commune de Bassila vers l'exploitation forestière est en partie due aux faibles revenus agricoles. L'anacardier qui constituait une source de sécurité sociale est aujourd'hui improductif. Cette situation est en partie due à l'attaque des anacardiers par les insectes d'une part, et d'autre part au manque ou au mauvais entretien des plantations, etc. Le revenu moyen brut à l'hectare varie entre 92 916 F CFA et 139 375 F CFA (respectivement si la noix est vendue à 200 F CFA et 300 F CFA /kg). Il est insuffisant et ne permet pas aux agriculteurs de solder les dettes contractées en période de soudure. Par conséquent, les populations s'adonnent à l'exploitation du bois d'œuvre, une activité très florissante.

La pauvreté a été également perçue par les charbonniers allochtones comme étant un facteur de dégradation des ligneux des Monts Kouffé. En effet, certains charbonniers ont dû quitter leur village d'origine (Zakpota, Bohicon, Dassa-Zoumé, Savalou, Matéri) par manque de moyens de subsistance. Les terres sont pauvres et les forêts sont quasi-dégradées. Pour survivre, ils sont obligés de migrer vers les communes où existent encore ces ressources. Cette perception est similaire à celle de Diédhiou (2005); Nshimba (2008) et Djogbénou (2010), pour qui l'accroissement de la pauvreté, la dégradation de la situation socio-économique, amènent les populations riveraines à violer les domaines protégés à la recherche de nouvelles terres pour l'agriculture ou des coupes pour le bois de chauffe. Dans les pays en développement, la lutte quotidienne des populations pauvres pour la survie ne leur donne pas la possibilité de se préoccuper de l'environnement (Biaou, 2005). C'est dans cette même logique que Tolba, cité par Assouni (2009) estime que pour lutter contre les symptômes de plus en plus graves de la détérioration de l'environnement, il faut d'abord résoudre les questions économiques et de développement à l'origine de cette détérioration. C'est la pauvreté qui pousse les populations aux activités de dégradation des écosystèmes des aires protégées (Dimobe *et al.*, 2012; Agbahungba *et al.*, 2001). Selon ONU (2005), l'extrême pauvreté de la population, la taille des ménages et l'augmentation des besoins socio-économiques amènent les collectivités à mettre en place des stratégies de survie, à forte incidence sur l'environnement. Cette attitude se manifeste par la destruction des ressources qui fait croire à une indifférence des populations face aux dispositions normatives. Pour réduire la pression des populations sur les ligneux, il s'avère indispensable d'améliorer leurs conditions de vie.

En outre, le rôle de l'État est déterminant dans la gestion des ressources ligneuses. A travers les lois et les institutions, il a la possibilité de faire arrêter les pressions sur les forêts classées en général et sur celle des Monts Kouffé en particulier. L'État pourrait aussi sanctionner les agents qui s'impliqueraient dans l'exploitation illicite des ligneux car, selon les dires des populations, certains forestiers cautionneraient l'exploitation des bois où achèteraient des tronçonneuses aux exploitants de bois d'œuvre.

Dans une certaine mesure, l'État est en position d'agir et d'influencer les actions allant dans le sens d'une exploitation anarchique des ligneux. Malgré les nombreux instruments juridiques (traités, conventions, etc.) que le Bénin a ratifiés afin d'assurer une meilleure protection de l'environnement, les ressources forestières disparaissent de façon flagrante. Les infrastructures sociocommunautaires ont été réalisées par l'État dans certaines forêts classées. C'est le cas des écoles publiques, des pompes, etc. installées dans la forêt classée d'Agoua. Cette politique autorise l'occupation des forêts classées par les populations. Cela veut dire que les institutions sont faibles. Et, ainsi, les ressources ligneuses en subissent les conséquences néfastes. Ce résultat corrobore celui de Nshimba (2008) qui estime que : l'abandon progressif des responsabilités de l'État par l'État, amène les populations riveraines à violer les ressources forestières. Pour Geist et Lambin (2002), les facteurs politiques et institutionnels amplifient aussi l'extraction du bois. Les cas de déforestation imputables aux privés et aux entreprises de bois sont généralement facilités par l'État. La corruption et la mauvaise application des réglementations forestières sont des facteurs majeurs de la déforestation.

8.4. Efficacité des structures de cogestion chargées de réaliser les activités du PAP

A la fin de la première phase du projet PAMF en 2007, la forêt classée des Monts Kouffé a été en général prise d'assaut par les populations malgré l'existence des structures de cogestion. Cela ne veut pas dire que les populations n'avaient pas adhéré aux objectifs de l'approche participative où que cette dernière est inefficace. Au contraire, l'approche participative a apporté un impact positif visible sur l'état des ressources forestières et le niveau de vie des populations. Toutefois, la question de la capacité des populations locales à poursuivre les activités entamées n'a pas été résolue. Cette situation est due au fait que les structures de cogestion n'ont pas les moyens juridiques et économiques, pouvant leur procurer un quelconque pouvoir sur les contrevenants. Un constat similaire a été fait par Gnelé *et al.* (2012), dans la forêt classée de Tchaourou-Toui-Kilibo (TTK) au Bénin, où la fin du projet PGRN a été marquée par l'arrêt des activités d'aménagement et de surveillance. De l'avis des populations et selon les mêmes auteurs, l'après-projet de l'aménagement participatif est considéré comme un désengagement de l'État. En prônant cette approche qui vise, à terme la responsabilisation des populations locales, l'État a cru devoir laisser à la charge des populations, le volet entretien. Or, ces dernières ne disposaient ni de fonds de roulement, ni de revenus substantiels, encore moins de possibilités d'accès au crédit pour assurer cette charge. De plus, les manœuvres rémunérés qui y travaillaient avaient été abandonnés à eux-mêmes. Pour ces populations, il s'agit d'une fuite de responsabilité de l'État car, elles ne sont pas suffisamment préparées à cette situation.

En ce qui concerne les moyens juridiques, tous les prestataires de PAMF ont déploré leurs conditions de travail, caractérisées par l'absence d'un contrat qui garantisse leur sécurité. En effet, pendant la phase active du projet PAMF, il est écrit à l'article 4 du contrat des prestataires que : « le PAMF ne sera tenu pour responsable d'aucune manière que ce soit des accidents et dégâts éventuels qui surviendraient au cours de l'exécution des travaux ». Cet article a été un élément de méfiance pour ces prestataires qui se voient dans l'insécurité totale après la fin du projet.

Au Sénégal, dans les régions de Kolda et de Tambacounda, Laurence (2003) a fait les mêmes constats sur les difficultés que rencontrent les structures locales dans de gestion des forêts communautaires. En effet, les surveillants villageois qui constatent un délit dans leur forêt n'ont pas les moyens, ni symboliques, ni économiques, ni physiques, d'exercer un quelconque pouvoir sur les fraudeurs. Ces derniers leur posent la question de savoir au nom de quoi ils leur interdisent l'exploitation. Ils les qualifient de ''faux forestiers'' ne disposant ni de papier, ni de tenue, ni de bonnes chaussures. De pareils propos auraient été tenus à l'endroit des surveillants des Monts Kouffé par les contrevenants. Certains exploitants de bois d'œuvre ont affirmé que les forestiers riverains des Monts Kouffé leur auraient dit que : « le projet PAMF est déjà à terme. Par conséquent, aucun membre de CVC n'a le droit de les empêcher d'accéder à la forêt classée». Ces propos ont amené les surveillants à qualifier les forestiers de corrompus. Au Bénin, ce phénomène (la corruption) est devenu selon Siebert et Elwert (2002), une pratique illégale dans le secteur forestier. Dans le domaine forestier, la corruption est accompagnée des abus de puissance, tels que l'utilisation du titre d'agent permanent de l'État pour commettre des actes illégaux (par exemple implication dans le commerce illégal de bois d'œuvre). La corruption des forestiers, poursuivent les mêmes auteurs, entraîne la perte énorme de la biodiversité. Au lieu que le corrupteur (exploitant de bois d'œuvre) exploite la quantité d'arbres accordée par le corrompu (forestier), il en abat bien plus. Certains forestiers s'entendent avec les commerçants urbains pour engager des exploitants locaux qui leur coupent des bois d'œuvre.

Par ailleurs, l'approche participative est une forme déguisée de l'approche répressive. Lorsque les projets gérés sous cette approche arrivent à terme, des conflits naissent souvent entre les populations locales et les forestiers responsabilisés pour poursuivre les travaux d'aménagement. Pour Siebert et Elwert (2002) les agents des eaux et forêts se sont toujours opposés à la gestion des forêts avec la population locale. Ils estiment que les populations locales sont trop incompétentes dans la gestion et épuiseraient rapidement les ressources. Cette résistance se justifie par la crainte de perdre des sources illégales de revenu, puisque l'implication des populations dans la gestion des forêts peut entraîner un changement radical de la vieille structure très puissante en ouvrant l'arène politique pour de nouveaux joueurs.

Ce constat a amené Kiansi (2011) à affirmer que les initiatives de l'approche participative restent en deçà d'une véritable volonté de transférer des pouvoirs et une certaine autonomie de décision aux conseils ruraux censés représenter ces usagers. Les politiques forestières restent historiquement soucieuses de maintenir plusieurs aspects fondamentaux de leurs prérogatives : le contrôle des territoires, la fonction de protection des forêts et son corollaire qui considère les usagers comme les principaux responsables de la dégradation et qui, partant, justifie les pratiques d'exclusion et de répression, et enfin le souci d'une réglementation spécifique qui prend surtout en compte les aspects économiques et commerciaux, et notamment la production de bois et de charbon de bois (Buttoud cité par Kiansi, 2011).

De tout ce qui précède, la quatrième hypothèse est vérifiée: les mesures prises pour gérer les ressources ligneuses des Monts Kouffé après la fin de la première phase du projet PAMF ne sont pas efficaces. Par conséquent, la mise en œuvre du plan d'aménagement participatif est vouée à l'échec.

8.4.1. Facteurs de motivation des prestataires pour l'aménagement de la forêt classée des Monts Kouffé

Trois facteurs principaux avaient motivé les prestataires (comité de reboisement, confrérie villageoise des chasseurs et pépiniériste) pour l'aménagement des Monts Kouffé. Il s'agit des avantages financiers issus de l'aménagement, du désir de bénéficier des infrastructures sociocommunautaires promises et du volontariat. Mais, la hiérarchisation des facteurs de motivation par type de prestataire a révélé que la recherche des avantages financiers a été le premier facteur motivant les comités de reboisement et les pépiniéristes pour l'aménagement des forêts. Ce résultat est similaire à celui obtenu par Djogbénou (2010) dans les forêts classées de Tchaourou-Toui-Kilibo où à la fin du PGRN, les membres du Comité Villageois de Gestion de la Forêt (CVGF) devant pérenniser les acquis du projet ont démissionné par manque de moyens financiers. Il en est de même pour les populations riveraines des forêts classées de l'Ouémé Supérieur, de N'Dali, de la Sota, de Goungoun et de la rôneraie de Goroubi (Djogbénou, 2010). Le volontariat est également un élément moins motivant pour l'aménagement des ressources naturelles.

Toutefois, pour les Confréries Villageoises des Chasseurs (CVC) riveraines des Monts Kouffé, l'argent a été un facteur secondaire. Ce résultat est identique à celui obtenu par Djogbénou (2010) auprès des populations riveraines des forêts classées d'Agoua, des Monts Kouffé, de Wari-Maro et de Pénéssoulou. En effet, avant l'avènement du projet PAMF, les chasseurs riverains desdites forêts s'étaient déjà organisés volontairement en Confréries pour assurer la surveillance de ces aires classées. Le projet PAMF a constitué un appui pour renforcer cette surveillance.

Conclusion partielle

Dans l'ensemble, les structures de cogestion ont été inefficaces par rapport aux activités contenues dans leur cahier de charge. Le plan d'aménagement participatif n'a pas pu être exécuté. Cette inefficacité est due principalement à la mésentente entre les forestiers et les structures de cogestion.

.

CONCLUSION GÉNÉRALE

La présente étude sur la série de protection de la forêt classée des Monts Kouffé a permis de déterminer les facteurs de menace et de pression sur les ligneux. L'agriculture, la carbonisation, l'érosion et l'exploitation du bois d'œuvre sont dans cet ordre d'importance, les facteurs qui ont contribué à la disparition de 28 % des ligneux. A ceux-ci, s'ajoute le pâturage qui, à travers l'émondage, menace la viabilité de l'arbre. La perception des groupes socioprofessionnels sur ces facteurs directs varie en fonction de leurs intérêts respectifs. Selon les agriculteurs, l'agriculture ne dégrade pas le couvert végétal, car les espèces autochtones abattues sont remplacées par des anacardiers. Pour les charbonniers et les exploitants du bois d'œuvre, leur activité n'entraîne pas la perte de toutes les espèces. Ils font un abattage sélectif des arbres, contrairement aux agriculteurs qui les éliment totalement lors de l'installation de leurs champs. En ce qui concerne les éleveurs peulhs, ils estiment que l'émondage n'entraîne pas la perte définitive de l'arbre alors que les agriculteurs, les exploitants du bois d'œuvre et les charbonniers abattent de façon systématique les ligneux.

De ces différentes perceptions des groupes socioprofessionnels, il ressort que ces derniers ne sont pas encore conscients des effets négatifs de leurs activités respectives sur les ligneux. Les agriculteurs doivent savoir que les anacardiers n'ont pas les mêmes fonctions que les espèces autochtones qu'ils abattent. De même, les charbonniers et exploitants de bois d'œuvre doivent remarquer que la forte sélection d'une espèce pourrait entraîner sa perte définitive. S'agissant des facteurs indirects, la pauvreté monétaire, l'occupation des terres par les anacardiers, la pression démographique, l'appauvrissement des terres agricoles, la pression du marché du bois et la faible implication de l'État dans la gestion des forêts ont été les facteurs sous-jacents qui déclenchent les facteurs directs.

De façon générale, la pauvreté monétaire a été perçue par tous ces acteurs comme étant le facteur indirect le plus prépondérant de la dégradation des ligneux. En effet, il est difficile à un démuni de pouvoir conserver les ressources naturelles qui lui procurent des revenus substantiels. La lutte contre la déforestation ne sera efficace, que si les conditions de vie des populations riveraines des forêts sont améliorées. C'est ce que vise le projet PAMF en impliquant les populations riveraines dans la gestion des ressources naturelles. Pendant la phase active dudit projet, les populations ont pu gagner de l'argent pour régler leurs problèmes quotidiens. La pression sur les ligneux de la série de protection a sensiblement diminué. Mais, après la fin de la première phase, les pressions ont intensément repris, car les structures de cogestion ont été incapables de poursuivre les travaux d'aménagement. Elles ont été confrontées à d'énormes difficultés tels que : le manque de moyens financiers, le manque de matériels nécessaires pour les opérations de surveillance et la mésentente avec les forestiers.

De tout ce qui précède, il est impérieux de prendre des mesures pour réduire les pressions sur les ligneux de la série de protection afin de sauvegarder les acquis du projet PAMF. A cet effet, des actions à mener à court, moyen et long termes ont été suggérées :

A court terme :

- les forestiers et les structures locales de cogestion doivent s'entendre en vue d'installer un climat de confiance et de franche collaboration, gage d'une gestion participative des forêts;

- les six secteurs de la série de protection doivent être délimités par des plantations d'alignement. Ceci permettra d'une part, de limiter leur occupation par de nouveaux exploitants agricoles, et d'autre part, de recenser les occupants actuels afin de prendre des mesures pour leur repositionnement;

- l'État, à travers l'administration forestière, doit signer un contrat de surveillance avec les chasseurs. Ces derniers s'étaient volontairement mis en comités de surveillance avant l'avènement du projet PAMF. Cette volonté est toujours demeurée en eux malgré la fin de la première phase du projet PAMF. Ceci constitue une opportunité pour l'exécution du Plan d'Aménagement Participatif. A défaut de surveiller toute la forêt classée des Monts Kouffé, la série de protection représentant ''la porte d'entrée'' dans cette aire protégée, doit faire l'objet d'une patrouille régulière.

A moyen terme :

- face à la pression croissante sur les terres agricoles et à la pauvreté des sols, les agriculteurs riverains de la série de protection doivent être formés sur la pratique de la Gestion Intégrée de la Fertilité des Sols (GIFS). Il s'agit d'une pratique agricole qui combine l'utilisation des engrais organiques et chimiques, de semences améliorées, de techniques culturales et surtout de renforcement de capacités pour amener les paysans à produire de façon intensive ;

- l'installation de nouvelles plantations d'anacardiers doit être interdite dans la série de protection;

- les agriculteurs des communes riveraines des Monts Kouffé (Bantè, Bassila, Ouèssè et Tchaourou) doivent être formés au respect des normes techniques (100 pieds/ ha) d'installation des plantations d'anacardiers. Lorsque la densité de ces dernières est faible, les agriculteurs ont l'avantage de les associer avec les vivriers sur plusieurs années. Ceci permettra de limiter l'occupation anarchique des terres ;

 - la mise en place des marchés ruraux de bois dans les villages riverains des Monts Kouffé est indispensable. Elle va permettre d'organiser les charbonniers en groupements et catégories dotés de statuts et de règlements, afin de bien réguler les prélèvements en forêt ;

- la promotion et le développement des activités génératrices de revenus (maraîchage, apiculture, aulacodiculture, etc.) dans les villages riverains des Monts Kouffé s'avèrent indispensables.

A long terme :

- tracer les couloirs de transhumance dans les Monts Kouffé afin d'éviter la divagation des animaux dans toutes les séries;

- solliciter l'appui des partenaires au développement pour le renouvellement du projet PAMF.

La présente étude ne sera pas limitée sur la série de protection des Monts Kouffé. Des travaux de recherche ultérieurs pourront embrasser les séries de protection des forêts classées de Wari-Maro et d'Agoua. Cette option permettra d'apprécier les similarités et les dissemblances par rapport aux déterminants de la dégradation des ligneux des forêts classées de Wari-Maro, d'Agoua et des Monts Kouffé.

L'évaluation de l'efficacité des structures de cogestion des villages riverains des forêts classées de Wari-Maro et d'Agoua reste également un des défis pour l'avenir.

En outre, convaincu du comblement de la rivière Adjiro située dans la série de protection, un dispositif sera mis en place pour apprécier l'évolution du comblement à l'horizon 2025.

Références bibliographiques

ADJONOU K., BELLEFONTAINE R. & KOUAMI K., 2009. Les forêts claires du Parc national Oti-Kéran au Nord-Togo: structure, dynamique et impacts des modifications climatiques récentes. *Sécheresse* **20** (1) : 1-10.

AJAVON C. Y., 2012. Structure et dynamique spatiale des paysages de la dépression médiane au Bénin. Thèse de doctorat Unique, Université d'Abomey-Calavi, Bénin, 209 p.

AFOUDA F., 2006. Efficacité sociale et impact environnemental de l'économie de charbon dans la Commune de Djidja. *Rev. Sc. Env.* Uni. Lomé (Togo), **1**:147-162.

AGBAHUNGBA G., SOKPON N. & GANDE GAOUE O. 2001. Situation des ressources énergétiques forestières du Bénin. FAO, Rome, Italie, 36 p.

AHOMAGNON L., 2013. Effets des systèmes de production agricole et de la carbonisation sur les espèces végétales ligneuses dans l'Arrondissement de Banamè (Commune de Zagnanado). Mémoire de DEA, UAC, 87 p.

AKOÈGNINOU A., 1984. Contribution à l'étude botanique des îlots de forêts denses humides semi-décidues en République Populaire du Bénin. Thèse de 3è cycle. Université de Bordeaux III, 250 p.

AKOÈGNINOU A., VAN DER BURG W. J. & VAN DER MAESEN L. J. G., 2006. Flore analytique du Bénin. Backhuys Publishers, Wageningen, 1034 p.

ALLAN W., 1965. The African husbandman west part congreen wood. Verlag Munster, Litterary criticism, 505 p.

AMAKPE F., 1998. Contribution à l'aménagement durable de la forêt des trois rivières : Composition et dynamique des principaux groupements ligneux et besoins des populations riveraines. Mémoire. d'Ingénieur. Agronome, FSA, UAC, Bénin., 145 p.

ARBONNIER M., 2002. Arbres, arbustes et lianes des zones sèches d'Afrique de l'Ouest. CIRAD et MNHN, Paris, France, 573 p.

AROUNA O., 2012. Cartographie et modélisation prédictive des changements spatio-temporels de la végétation dans la Commune de Djidja au Bénin: implications pour l'aménagement du territoire. Thèse de Doctorat,UAC, 204 p.

ASSEDE E. & SINSIN B., 2007. Conservation de la biodiversité : étude de la végétation et de la diversité des amphibiens et oiseaux des petites mares des terroirs riverains et du parc national de la Pendjari. Actes du 1er colloque de l'UAC des Sciences Cultures et Technologies. Conseil scientifique de l'Université d'Abomey-Calavi, Bénin: pp 285-291.

ASECNA, 2010. Agence Nationale pour la Sécurité et la Navigation Aérienne en Afrique et à Madagascar. Données de la station météorologique de Cotonou, 50 p.

ASSOUNI J., 2009. Impacts socio-économiques et environnementaux de l'exploitation du bois dans la Commune de Tchaourou. Mémoire de DEA, FLASH, UAC, Abomey-Calavi, Bénin, 97 p.

BIAO O. A., 2011. Plantations d'anacardier dans la Commune de Bassila: problèmes, importances socio-economique et environnementale. Mémoire de maîtrise de géographie, FLASH, UAC, Abomey-Calavi, Bénin, 82 p.

BIAOU H. S. S., 1999. Etude des possibilités d'aménagement de la forêt classée de Bassila : structure et dynamique des principaux groupements ligneux et périodicité d'exploitation. Thèse d'Ingénieur Agronome, FSA, UAC, Bénin, 194 p.

BIAOU G., 2005. Dimensions économique et sociale du développement durable. Centre des Publications Universitaires (CPU), 284 p.

BRAUN-BLANQUET J., 1932. Plant sociology. The study of plant communities (Fac simile of the edition of 1932). Translated by Fuller G.D. and Conard H.S. New-York: Hafner Publishing Company, 439 p.

BUERKERT A., PIEPHO H-P. & BATIONO A., 2002. Multisite time-trend analysis of soil fertility management effects on crop production in sub-Saharan West Africa. *Exp Agric*, **38** :163-183.

CARRIERE M., 1996. Impact des systèmes d'élevage pastoraux sur l'environnement en Afrique et en Asie tropicale et sub-tropicale aride et subaride. CIRAD-EMT, 70 p.

CEDEAO, UEMOA et FAO., 2009. Dialogue sur les forêts en Afrique de l'Ouest. Rapport de synthèse. Accra, Ghana, 83 p.

CEI- RDC, 2002. État de la diversité biologique en République Démocratique du Congo. Rapport d'atelier, 25 p.

CLAFFEY M. P., 1995. Notes of avifauna of Beterou area, Borgou province, Rep. of Bénin. *Malinbus*, **17** : 63-84.

COMBESSIE J. C., 2001. La méthode en sociologie, Edition la découverte, Paris, France, 124 p.

COTE N. 1986. Individu, groupe et organisation, Edition Gaëtan Morin, 177 p.

CNUED, 1992. Conférence des Nations Unies sur l'Environnement et le Développement. Rapport de la Commission des Communautés Européennes, 164 p.

DAAVOU S. S., 2007. Gestion endogène des ressources naturelles dans la Commune de Tori: cas de l'Arrondissement de Tori-Bossito. Mémoire de maîtrise de géographie, UAC, Bénin, 104 p.

DAGBETO A. M., 2013. Diversité floristique et pressions anthropiques sur les forêts classées de Tchaourou-Toui et Kilibo au centre du Bénin. Mémoire de DESS, CIFRED, Université d'Abomey-Calavi, Bénin, 117 p.

DANNE J., MONGBO R. & SCHAMHART R., 1992. Méthodologie de la recherche socio-économique en milieu rural africain. Projet UNB/LUW/SVR, 67 p.

DGFRN (Direction Générale des Forêts et des Ressources Naturelles), 2005. Rapport annuel d'activités, Cotonou, Bénin, 85 p.

DGFRN (Direction Générale des Forêts et des Ressources Naturelles), 2006. Rapport annuel d'activités, Cotonou, Bénin, 79 p.

DGFRN (Direction Générale des Forêts et des Ressources Naturelles), 2007. Rapport annuel, d'activités, Cotonou, Bénin, 89 p.

DGFRN (Direction Générale des Forêts et des Ressources Naturelles), 2008. Rapport annuel, d'activités, Cotonou, Bénin, 85 p.

DGFRN (Direction Générale des Forêts et des Ressources Naturelles), 2009. Rapport annuel d'activités, Cotonou, Bénin, 87 p.

DGFRN (Direction Générale des Forêts et des Ressources Naturelles), 2010. Rapport annuel d'activités, Cotonou, Bénin, 90 p.

DGFRN (Direction Générale des Forêts et des Ressources Naturelles), 2010. Plan d'Aménagement Participatif des forêts classées de Tchaourou et Toui-Kilibo (2010-2019). Volume II, plan de gestion & fiches de parcelles, 165 p.

DGFRN (Direction Générale des Forêts et des Ressources Naturelles), 2011. Rapport annuel d'activité, 79 p.

de SOUZA S., 1988. Flore du Bénin. Noms des plantes dans les langues nationales béninoises. Tome 3, 424 p.

DIEDHIOU J., 2005. Population et pauvreté. Rapport du Colloque International, l'Atelier scientifique, Université de Dakar, 42 p.

DIMOBE K., WALA K., BATAWILA K., DOURMA M., WOEGAN A. Y. & AKPAGANA K., 2012. Analyse spatiale des différentes formes de pressions anthropiques dans la réserve de faune de l'Oti-Mandouri (Togo), *VertigO - la revue électronique en sciences de l'environnement* [En ligne], Hors-série 14 septembre 2012, mis en ligne le 15 septembre 2012, consulté le 19 janvier 2013. URL : http://vertigo.revues.org/12423 ; DOI : 10.4000/vertigo.12423

DJODJOUWIN L., 2001. Etude sur les aménagements écotouristiques et la gestion pastorale dans les terroirs et forêts classées des Monts Kouffé et de Wari-Maro. Mémoire de DESS / DAGE /FSA / UAC, Abomey-Calavi, 102 p.

DECRET N°96-271 du 02 juillet 1996 Portant modalités d'application de la Loi portant Régime des Forêts en République du Bénin. Cotonou, Bénin, 28 p.

DJOGBENOU C.P., 2010. Analyse multicritère des plans d'aménagement et de gestion participatifs des forêts classées au Bénin: développement d'un modèle durable. Thèse de Doctorat Unique, École Doctorale Pluridisciplinaire, FLASH, Université d'Abomey-Calavi, Bénin, 227 p.

DJOGBENOU C. P., AROUNA O., TOKO I. I. & SINSIN B., 2011. Analyse comparative des profils des plans d'aménagement participatifs des forêts classées au Bénin. *Rev. Sc. Env. Uni.Lomé* (Togo*)*, **7** : 51-79.

FAO, 2001. Approche participative, communication et gestion des ressources forestières en Afrique subsaharienne. Rome, pp. 7-11.

FAO, 2002. Les forêts et le secteur forestier : cas du Bénin.
http://www.fao.org/forestry/country/57478/fr/ben/

FAO, 2002. Evaluation des ressources forestières mondiales 2000 - Rapport principal - Rome, 466 p.

FAO, 2005. Evaluation des ressources forestières. Rapport national du Bénin. FAO, 17 p.

FAO, 2009. Situation des forêts du monde. ISBN 978-92-5-206057-4; pp. 2-11. Disponible en ligne: http://www.fao.org/docrep/011/i0350e/i0350e00.HTM

FAO, 2011. Situation des forêts du monde. Italie, Rome, 193 p.

FANOU A., SOKPON N., CRINOT L., AHOU B. & IGUE M., 1997. Etude des possibilités de gestion efficace et de régénération des sols, du couvert forestier et des pâturages naturels dans le département du Mono, Rapport d'activité, 117 p.

GEIST J. H. & LAMBIN E. F., 2002. Proximate Causes and Underlying Driving Forces of Tropical Deforestation. *In Bio Science*, **52** (2) : 143-150.

GHIGLIONE R. & MATALON B., 1978. Les enquêtes sociologiques: théories et pratiques. Armand Colin, France, 296 p.

GNELE J. E., ODJOUBERE J., ALI R. K. F. M. & TENTE B. H. A., 2012. Aménagement participatif et gestion des plantations domaniales de la forêt classée de Tchaourou- Toui-Kilibo (TTK) au Bénin: bilan et perspectives. *Ben géo*, **12** : 20-40

GUIGMA Y. ZERBO P. & MILLOGO-RASOLODIMBY J., 2012. Utilisation des espèces spontanées dans trois villages contigus du Sud du Burkina-Faso: *Tropicultura*, **30** (4) : 230-235.

HANOWSKI J., NICK D., LIND J. & NIEMI G., 2003. Breeding bird response to riparian forest harvest and harvest equipment. *Forest Ecology and Management,* **174**: 315-328.

HEYMANS J.C. & PETIT J. M., 1985. Etude et Aménagement de la Forêt Classée des Monts Kouffé en République. Populaire du Bénin. *Tropicultura,* **3** (3) : 88-92

HOWELL D.C., ROGER M. & YERBYT V., 2007. Méthodes statistiques en sciences humaines, 778 p.

HOUINATO M. R. B., 2001. Phytosociologie, écologie, production et capacité de charge des formations végétales pâturées dans la région des Monts Kouffé (Bénin). Thèse de doctorat, Faculté des Sciences, Laboratoire de Systématique et Phytosociologie. ULB, Belgique, 241 p.

HOUNHINTO A. S., 2011. Etude de la consommation de bois de teck des plantations privées: formes de consommation, attentes et perceptions des consommateurs dans les Communes de Toffo, Tori-Bossito et Zè (Département de l'Atlantique Sud-Bénin). Thèse d'Ingénieur Agronome. FSA, UAC, 92 p.

IDJIGBEROU S. E., 2007. Impact de la production de charbon de bois sur la diversité floristique des formations végétales du Centre et du Nord Bénin. Mémoire. d'Ingénieur. Agronome. UP, FSA, Bénin, 133 p.

IMPETUS West African, 2007. An integrated approach to the efficient management of scarce water resources in West Africa: Case studies for selected river catchments in different climatic zones. An interdisciplinary proposal of the University of Cologne, the University of Bonn and the German Aerospace Center (DLR). Abridged version, 4th September 2000, 92 p.

INSAE, 2004. Recensement Général de la Population et de l'Habitation en 2002 (RGPH3). Résultats définitifs. Cotonou, Bénin, 203 p.

KIANSI Y., 2011. Cogestion de la Réserve de Biosphère de la Pendjari : approche concertée pour la conservation de la biodiversité et le développement économique local. Thèse de Doctorat, UAC, 274 p.

KOUPLEVASTSKAYA I., 2007. La participation des acteurs et le partenariat, comme approche et finalité de la gestion publique et locale des forêts. *Revue Forestière Française* [Rev. For. Fr], **59** (6): 465-478.

LANLY J.P., 1982. Les ressources forestières tropicales-Etude FAO: Forêts 30 - Rome, 113 p.

LAURENCE B., 2003. La décentralisation de la gestion des ressources forestières au Sénégal: un processus contraint par le marché? *APAD*, **26**: 47-66.

LAWIN D., 2012. Fragmentation des écosystèmes forestiers : structure et rôle des bosquets dans la conservation de la biodiversité dans la Commune de Ouaké. Mémoire de DESS. Université de Parakou, Bénin, 169 p.

LE CLECH B., 1998. Environnement et agriculture. 2ème Edition synthèse agricole, ISBN,pp 115-127.

MBAYNGONE E., THIOMBIANO A., HAHN-HADJALI K. & GUINKO S. 2008. Caractéristiques écologiques de la végétation ligneuse du sud-est du Burkina-Faso (Afrique de l'Ouest) : le cas de la réserve de Pama. *Candollea, 63* (1): 17-33.

MDR/PNUD/FAO-2000. Projet d'Assistance à l'élaboration d'un Schéma Directeur du Secteur de Développement Agricole et Rural. Stratégie générale, 141 p.

MEHU (Ministère de l'Environnement, de l'Habitat et de l'Urbanisme), 2000. Plan d'action national de lutte contre la désertification. Cotonou: DAT/ MEHU, 91 p.

MEHU (Ministère de l'Environnement, de l'Habitat et de l'Urbanisme), 2002. Stratégie nationale et plan d'actions pour la conservation de la diversité biologique. 186 p.

MISD (Ministère de l'Intérieur, de la Sécurité et de la Décentralisation), 2002. Recueil des lois sur la Décentralisation. Cotonou, 172 p.

MYERS N., 1983. Environmental refugees in a globally warmed world. *Bioscience*, **43**: 752 -761.

NATTA A. K., 2003. Ecological assessment of riparian forests in Bénin: phytodiversity, phytosociology and spatial distribution of trees species. Ph. D. Thesis, Wageningen University, 215 p.

NGUENANG G.M., FONGNZOSSIE. & NKONGMENECK B.A., 2010. Importance des forêts secondaires pour la collecte des plantes utiles chez les Badjoué de l'Est Cameroun. *Tropicultura,* **28** (4): 238-245

NSHIMBA S.M., 2008. Etude floristique, écologique et phytosociologique des forêts inondées de l'île Mbiye à Kisangani, (R.D.Congo). Thèse de doctorat, Université Libre de Bruxelles, Belgique, 253 p.

OERTLI B., MENETRY N.N.& SAGER L., 2004. An overview of methods potentially suitable for pond biodiversity assessment. *Archives des sciences,* **57**: 131-140.

ODJOUBERE J., 2011. Poussée de la carbonisation à Okouta-Ossé, un village périphérique de la forêt classée des Monts Kouffé : problèmes et perspectives pour une gestion durable des ressources végétales. Mémoire pour l'obtention du

Diplôme de Master en Aménagement et gestion durable des ressources naturelles, CIFRED, Bénin, 117 p.

ODJOUBERE J., ALI Rachad. K. F. M., TENTE B., SINSIN B., 2013. Effets de la carbonisation sur les espèces végétales ligneuses de Okouta-Ossé, un village situé dans la zone Tampon au sud de la forêt classée des Monts–Kouffè au Bénin. *Les Cahiers du CBRST*, (4) :107-126.

ODJOUBERE J., TENTE B., GIBIGAYE M., SINSIN B., 2013. Efficacité des structures de cogestion des ressources naturelles de la forêt classée des Monts Kouffé au Bénin. *IMO–IRIKISI*, **1** (5), 121-131.

OUOBA P., 2006. Flore et végétation de la forêt classée de Niangoloko, sud-ouest du Burkina-Faso. Thèse de doctorat, Université de Ouagadougou, 144 p +annexes.

OUEDRAOGO A., 2006. Diversité et dynamique de la végétation ligneuse de la partie orientale du Burkina-Faso. Thèse de Doctorat Université de Ouagadougou, Option Sc. Biol. Appl., 196 p. + Annexes.

ONU (Organisation des Nations-Unis), 2005. Objectifs du Millénaire pour le développement. New-York, 48 p.

OREKAN V. O. A., TENTE B. A., GIBIGAYE M.& DOSSOU-KOÏ B., 2013. Pressions anthropiques sur les espèces végétales ligneuses et caractérisation des groupements végétaux de la forêt classée de N'dali (nord du Bénin). *Annales des sciences agronomiques*, **17** (2) : 121-135.

OUMOROU M., 2003. Etudes écologique, floristique, phytogéographique et phytosociologiquedes inselbergs du Bénin. Thèse de doctorat, Université Libre de Bruxelles, 210 p + annexes.

PAMF (Projet d'Aménagement des Massifs Forestiers d'Agoua, des Monts Kouffé et de Wari-Maro), 2002. Plan simple de gestion de la forêt classée des Monts Kouffé. Cotonou, Bénin, 63 p.

PAP MK (Plan d'Aménagement Participatif des Monts Kouffé), 2007. Plan d'Aménagement Participatif du complexe des forêts classées de Wari-Maro et des Monts Kouffé. Volume A, 267 p.

PBF (Projet Bois de Feu phase II), 2007. Inventaire Forestier National. Rapport final, Cotonou, Bénin. 55 p.

PBF II (Projet Bois de Feu phase II), 2008. Méthodologie et résultats d'inventaire aux niveaux régionaux 121 p.

PFN (Plan Forestier National), 2004. Plan Forestier National du Bénin pour le FNUF –5 version du 30 octobre 2004, 21 p.

PIELOU E. C. (1966). Species diversity and pattern diversity in the study of ecological succession. J. Theor Biol, **10** : 370-383.

P.N.U.E/UICN/WWF, 2001. Stratégie mondiale de la conservation : La conservation des ressources vivantes au service du développement durable. PNUE/ONU, 57 p.

ProCGRN, 2008. Rapport final sur le programme National de Gestion Durable des Ressources Naturelles. Cotonou, Bénin, 80 p.

RAMADE F., 1994. Éléments d'Écologie. Écologie fondamentale 2. Ediscience international, Paris, 579 p.

RAUNKIAER C., 1934. The life forms of plants and statistical plant geography. Clarendron Press,Oxford, Univ London : 632 p.

RONDEUX J., 1999. La mesure des peuplements forestiers. Presses agronomiques de Gembloux, 2ème éd. Gembloux, 521 p.

SADDIKOU M., 1998. Diversité biologique dans la zone cynégétique de la Djona et évaluation de la gestion communautaire de la faune par les populations locales et le service forestier. Mémoire d'Ingénieur Agronome. FSA /UNB, Abomey-Calavi, Bénin. 136 p. + annexes.

SHANNON C. E. & WEAVER W., 1949. The mathematical theory of communication. Univ. Illinois Press-Urbana, Chicago III, 125 p.

SCHEFFE H., 1959. The Analysis of variance. New-york John wiely. *Revue de statistique appliquée*. **1** : 25-37.

SCHMIDT ROY, C., 1997. Managing Delphi surveys using Nonparametric Statistical Techniques. *Decision Science*, **28** (3) : 763-774.

Schmitz A. (1971) La végétation de la plaine de Lubumbashi (Haut-Katanga). Publ. *INEAC*, Sér. 113, 388 p.

SCOUVART M. & LAMBIN E. F., 2006. Approche systémique des causes de la déforestation en Amazonie brésilienne : syndromes, synergies et rétroactions. *L'Espace Géographique*, **3**: 241-254.

SIEBERT U. & ELWERT G., 2002. Potentials and Recommendations for Combating Corruption and Illegal Logging in the Forest Sector of Benin West Africa. *Journal of sustainable forestry*, **29**: 1-31.

SINSIN B. & HEYMANS J.C. 1988. Les problèmes liés à la transhumance des animaux domestiques à travers les Parcs Nationaux. *Nature et Faune* **4** (2): 27-31.

SINSIN B., 1993. Phytosociologie, écologie, valeur pastorale, production et capacité de charge des pâturages naturels du périmètre Nikki-Kalalé au Nord du Bénin. Thèse de doctorat, Faculté des Sciences, Laboratoire de Systématique et Phytosociologie. Université Libre de Bruxelles, Belgique. 390 p.

SINSIN B., 1995. Mission de préformulation des actions pour la conservation et la promotion de la biodiversité dans la région des Monts Kouffé. Rapport de synthèse. Cotonou, Bénin, 7 p.

SINSIN B., 1996. Aménagement des Forêts Classées de Wari-Maro, des Monts Kouffé et d'Agoua. Volet Aménagement de la faune. MDR-DFRN-PBF. Cotonou, Bénin, 43 p

SINSIN B. 1997. La transhumance dans les aires protégées d'Afrique de l'Ouest. Revue d'information, *PACIPE*, **5** : 4 -14. Cotonou, Bénin. 20 p.

SINSIN B., DAOUDA I. & AHOKPE E., 1998. Abondance et évolution des populations de mammifères des formations boisées de la région des Monts Kouffé au Bénin. *Cahiers d'éthologie*, **18** (2) : 161-281

SINSIN B. & SAIDOU A. 1999. Impact des feux contrôlés sur la productivité des pâturages naturels des savanes soudano guinéennes du ranch de l'Okpara au Bénin. Annales des *Sciences Agronomiques du Bénin*, **1**(1) : 11-30.

SINSIN B., 2001. Formes de vie et diversité spécifique des associations de forêts claires du nord du Bénin. XVIth AETFAT Congress. Syst. Geogr. Pl., **71**: 873-888.

SINSIN B., 2008. Méthodes d'étude de la diversité biologique. Notes de cours en D.E.A et D.E.S.S, Gestion de l'Environnement. FLASH, UAC, Bénin

SODHI N. S. LEE T. M. KOH L. P. & BROOK. A meta- Analysis of the impact of anthropogenic forest disturbance on Southeast Asia's Biotas. *Biotropica,* **41** (1): 103-109

SOGBOSSI M., 2004**.** Contribution à l'aménagement participatif des forêts classées du Bénin: Analyse des relations entre les systèmes socio-économique et physique des terroirs riverains et forêts classées des Monts Kouffé et de Wari-Maro.Thèse d'Ingénieur Agronome, FSA, UAC, Bénin 72 p.

SOKPON N. 1995. Recherches écologiques sur la forêt dense semi-décidue de Pobè au Sud–Est du Benin: Groupements végétaux, structure, régénération naturelle et chute de litière. Thèse de doctorat en sciences agronomiques, Université Libre de Bruxelles, Belgique, 350 p.

SOUNON BOUKO B., SINSIN B. & BIO GOURA SOULE., 2007. Effets de la dynamique d'occupation du sol sur la structure et la diversité floristique des forêts claires et savanes au Bénin. *Tropicultura*, **25** (4): 193-199.

SOUNON BOUKO B., 2010. Colonisation agricole et dégradation du couvert végétal dans le secteur de Wari-Maro-Igbomako au Bénin. Thèse de Doctorat, Université d'Abomey-Calavi, Bénin, 198 p.

TENTE A. B.H., 2000. Dynamique actuelle de l'occupation du sol dans le massif de l'Atacora: secteur Perma-Toucountona. Mémoire de DEA, UNB, 81 p.

TENTE B. A., 2005. Recherche sur les facteurs de la diversité floristique des versants du massif de l'Atacora : secteur Perma- Toucountouna (Bénin).Thèse de doctorat, Université d'Abomey-Calavi, 252 p.

TINGBE- AZALOU A., 2008. Méthodologie de la recherche en sciences de l'homme et de la santé. Notes de cours en D.E.A et D.E.S.S, Gestion de l'Environnement. FLASH, UAC, Bénin.

TOKO I. M., 2005. Effet de bordure des terroirs villageois sur les aires protégées suite à la dynamique de l'utilisation des terres : cas de la forêt classée des Monts Kouffé au Bénin. Mémoire de DEA, UAC, 75 p.

TOKO I. I., 2008. Etude de la variabilité spatiale de la biomasse herbacée, de la phénologie et de la structure de la végétation le long des toposéquences du bassin supérieur du fleuve Ouémé au Bénin. Thèse de Doctorat. FLASH, Université d'Abomey-Calavi. Bénin. 241 p.

TOKO I. M., TOURE F., TOKO I.I., SINSIN B., 2012. Indices de structures spatiales des îlots de forêts denses dans la région des Monts Kouffé. *VertigO-la revue électronique en sciences de l'environnement* [en ligne], **12** (3) : 1-17

TOKO I. M., TOKO I.I., GBEGBO C. M., SINSIN B., 2013. Structure et composition floristiques des forêts denses sèches de la région des Monts Kouffé au Bénin. *Journal of Applied Biosciences*, **64** :4787-4796

TREKPO P., 1999. Contribution à l'étude des possibilités d'aménagement durable de la forêt classée de Ouénou-Bénou au Nord-Est du Bénin : Structure et dynamique des principaux groupements végétaux. Mémoire d'Ingénieur des Travaux. UAC, CPU, Bénin, 144 p.

UNECE/FAO, 2000. Forest Resources of Europe, CIS, North America, Australia, Japan and New Zealand - Main Report - ECE/TIM/SP/17 - Genève, 445 p.

WALA K., 2004. La végétation de la chaîne de l'Atakora au Bénin: diversité floristique, phytosociologie et impact humain. Thèse de Doctorat, Université de Lomé, Fac. Sc./Dpt Bot. Biol.Végétales, 140 p.

WHITE F., 1986. La végétation de l'Afrique. Mémoire accompagnant la carte de végétation de l'Afrique Unesco/AETFAT/UNSO. Copedith, Paris, 384 p.

WILLIAMS P. WHITFEILD M. BIGGS J. BRAY S. FOX G. NICOLET P. SEAR D., 2004. Comparative biodiversity of rivers, streams ditches and ponds in an agricultural landscape in *Southern England*. *Biological conservation* **115**: 329-341.

YABI B. F., 2012. Etude des communautés d'oiseaux de galeries forestières en milieu soudano-guinéen : cas de la forêt classée des Monts Kouffé au Bénin. Mémoire de DEA, UAC, 94 p

YAYI A. C., 1998. Contribution à l'aménagement de la forêt classée de l'Ouémé Supérieur au Nord-Bénin. Structure et Dynamique des différents groupements végétaux. Mémoire. d'Ingénieur Agronome. UAC, FSA, Bénin., 143 p.

YEMADJE R. G., 2004. Contribution à la gestion durable des forêts au Bénin : biodiversité des endomycorhizes de *Isoberlinia doka* (CRAIB & STAPF) dans différentes formations végétales de la forêt classée de WARI-MARO (Nord Bénin). Thèse d'Ingénieur Agronome FSA, UAC, 92 p.

ANNEXES

Annexe 1 : Publications et participation aux manifestations scientifiques

- **Publications**

1- **ODJOUBERE J.**, TENTE B., M. GIBIGAYE, B. SINSIN, 2013. Efficacité des structures de cogestion des ressources naturelles de la forêt classée des Monts Kouffé au Bénin. *IMO – IRIKISI Vol. 5, N° 1 & 2è Semestres 2013, FLASH* - UAC, pp 121 – 131.

2- **ODJOUBERE Jules,** ALI Rachad. K. F. M., TENTE Brice., SINSIN Brice., 2013. Effets de la carbonisation sur les espèces végétales ligneuses de Okouta-Ossé, un village situé dans la zone Tampon au sud de la forêt classée des Monts –Kouffè au Bénin. *Les Cahiers du CBRST*, (4) :107-126.

3 - **ODJOUBERE J.**, ALI R. K. F. M. & TENTE B.2012. Concassage de granite et dégradation de l'environnement dans la Commune de Bantè (Bénin). Annales de la Faculté des Lettres, Arts et Sciences Humaines N° 19, ISSN 1840 – 510 : pp 217 – 234.

4- TENTE Brice, **ODJOUBERE Jules**, ALI Rachad K. F.M. & SINSIN Brice, 2011. Effets de l'exploitation de la carrière de sable continental sur le couvert végétal dans la Commune de Ouidah au Bénin. *IMO – IRIKISI Vol. 3, N° 2, 2è Semestre 2011, FLASH* - UAC, pp 86 – 94.

5- GNELE José E., **ODJOUBERE Jules**, ALI Rachad K. F. M., TENTE Brice H. A., 2012. Aménagement participative et Gestion des plantations domaniales de la forêt classée de Tchaourou – Toui – Kilibo (TTK) au Bénin : Bilan et Perspectives. *Revue de Géographie du Bénin* Université d'Abomey-Calavi (Bénin) (12) : 20 – 40.

6- ALI Rachad K. F. M., **ODJOUBERE Jules**, BAGLO A. Marcel & TENTE Brice., 2012. Diversité ethnobotanique des espèces végétales médicinales utilisées dans les forêts sacrées et communautaires de la Basse vallée de l'Ouémé en RB. *Mélanges Mac*, ISBN 978 – 99919- 867-2-2 : 4ème trimestre 2011 BN : 209 – 222.

7 - ALI R. K. F. M., **ODJOUBERE J**. & TENTE B. Utilités de *Prosopis africana* (Guill. et Perr.)Taub Leguminosae-Mimosoideae dans la Commune de Za-kpota au Bénin. *J. Rech Sci. Univ. Lomé (Togo)*, en cours.

8- BAGLO A. M, ALI R K.F. M .,**ODJOUBERE J.** & TENTE B., 2012. Contribution des lieux de culte traditionnel a la conservation des espèces végétales dans la ville de Porto-Novo. *Revue semestrielle de Géographie du Bénin*, ISSN 1840-5800 (12) : 192- 205.

9- ALI Rachad K. F. M., **ODJOUBERE Jules**, TENTE Brice & SINSIN Brice., 2014. Caractérisation floristique et analyse des formes de pression sur les forêts sacrées et communautaires de la basse vallée de l'Ouémé au Sud –Est du Bénin. *Afrique science. Revue internationationales des sciences et technologies*, 1 mai 2014, http://www.afriquescience.info/document.php, id = 3458. ISSN 1813-548X.

10- TENTE Agossou Hugues Brice, ALI Rachad Kolawolé Foumilayo Mandus, **ODJOUBERE Jules**, 2013. Etat des plantations de trois rues de la ville de Ouidah (Bénin). *Revue de Géographie de l'Université de Ouagadougou*, N°002 – Septembre 2013, pp 1- 17.

11- ALI R. K.F.M., TENTE B., **ODJOUBERE J.**, & SINSIN B., 2012.Diversité floristique des espèces végétales ligneuses des forêts sacrées de la Commune de Dangbo. *Actes du 3ème colloque* des sciences, cultures et technologies de l'UAC : 205 – 219.

12 - AJAVON Yves Césaire, ALI Rachad Kolawolé Founmilayo, **ODJOUBERE Jules** et TENTE Brice, 2013. Effets environnementaux et socioéconomiques de la production du bois énergie sur la forêt classée de Toui – Kilibo. *Revue de Géographie du Bénin Université d'Abomey-Calavi (Bénin)* N°14, décembre 2013, pp.39 – 55.

- **Participation aux manifestations scientifiques**

1- Participation au 3ème colloque de l'UAC des sciences, cultures et technologies qui a eu lieu du 6 au 10 juin 2011 au centre CIEVRA à Akassato au Bénin.

2- Participation à la semaine scientifique organisée dans le cadre de la célébration de la journée de la renaissance de l'Afrique – Edition 2012.

3- Participation à la semaine scientifique organisée du 24 au 28 juin dans le cadre de la célébration de la journée de la renaissance de l'Afrique – Edition 2013.

4- Participation à la journée de réflexion scientifique organisé par l'Association des Pastoralistes (ABEPA) du Bénin en 2011 à l'ISBA.

5- Participation au 4ème colloque de l'UAC des sciences, cultures et technologies qui a eu lieu du 23 au 28 septembre 2013 sur le Campus Universitaire d'Abomey- Calavi.

6- Participation aux rencontres scientifiques en hommage à Feu Augustin Lardja BARITSE organisées par le Laboratoire de Recherches Biogéographiques et d'Etudes Environnementales (LaRBE) du 6 au 8 juin à l'Université de Lomé.

7- Participation aux journées porte ouverte de la FLASH édition 2012.

Annexe 2 : Fiche d'identification des facteurs de dégradation des ligneux de la série de protection des Monts Kouffé

Fiche N°
Secteur: N° du placeau:
Coordonnées du centre du placeau: X =   Y =
Situation du placeau de la rive: (0-100m) = 1   (0-300m) = 2   (0-500m) = 3
Date   Heure

Caractéristique de la station	Code caractéristique de la station	Code choisi
Forme de relief	= 1 Ondulé = 2 Crête= 3 Versant = 4 Vallée =5 Ravin =6	
Cuirasse	Sans = 0 Petites plaques = 1 Grandes plaques = 2	
Signe d'érosion	Sans = 0 Faibles = 1 Moyens = 2 Accentués =3	
Recouvrement	< 25% = 1 25-50 % = 2 50-80 % = 3 > 80 % = 4	
Type de sol	Sableux = 1 limoneux = 2 Argileux = 3 Sablo-limoneux = 4 Argilo-limoneux = 5	
Signe de bœuf	Aucun = 0 Passage irrégulier =1 Passage régulier =2 Emondage =4 abreuvement = 5	
Signe des animaux sauvages	Aucun = 0 Passage irrégulier =1 Passage régulier =2 Préciser si possible les animaux qui passent	
Présence champ dans le placeau	Oui = 1 Non = 2	
Si oui type champ	Igname = 1 coton =2 Manioc = 3 Mil = 4	
Champ proche du placeau	Oui = 1 Non = 2	
Si oui préciser la distance et type de champ	Distance = Nouveau champ après PAMF= 1 Ancien avant PAMF= 2 Igname= 1 Coton= 2 Manioc = 3 Mil = 4	

N°	Nom scientifique ou Vernaculaire de l'espèce	Etat sanitaire 1: Vivant 2: Coupé pour le bois d'œuvre 3: Coupé pour la carbonisation 4: Mort par l'agriculture 5: Mort sous l'action d'érosion	Diamètre
1			
2			
3			
4			
5			
5			

Présence site PAMF dans le placeau	Oui =1 Non= 2	
Etat des plants /PAMF	Brûlé = 1 émondé = 2 Coupé = 3	

Annexe 3 : Questionnaire adressé individuellement aux agriculteurs
Informations générales
Secteur : .... **Date de l'interview :**
Commune : .... **Village/quartier :** ....
Distance village –série de protection......................................
Distance du champ à la série de protection.............................
Distance du campement à la série...
Origine: 1= Autochtone   2= Allochtone

---

1. Caractéristiques sociodémographiques

1.1. Sexe: 1= masculin   2= féminin
1.2. Groupe socioculturel: 1= Fon ; 2= Otamarie 3= Nagot 4= Lokpa ; 5= Peulh 6= Adja
   7=   Autres (spécifier)
1.3. Niveau d'instruction (*préciser l'année*):
0= Illettré 1= Primaire ;   2= Secondaire ; 3= Universitaire
1.4. Etat matrimoniale: 1= célibataire ; 2= monogame 3= polygame 4 =divorcé ; 5= veuf
1.5. Quelle est votre activité principale?
1= Agriculture ;   2 = Exploitation du bois d'œuvre; 3= Carbonisation ; 4 = Commerçant (e)s
5= Eleveurs de bœufs ; 6= Artisanat 7=   Autres (à préciser)
1.6. Quelle est votre activité secondaire?
1= Agriculture ;   2=Exploitation du bois d'œuvre ;   3= Carbonisation; 4=Commerçants ;
5 =Elevage des bœufs ; 6 = Artisanat   7=   Autres (à préciser)

1.7. Quelles sont les principales spéculations que vous produisez?

Cité par ordre d'importance selon la superficie

Cultures	igname	coton	manioc	riz	maïs	mil	soja	haricot
Sup moyenne défrichée par an								

1.8. Avez-vous des problèmes fonciers ? 1= oui   2 = non

Si oui lesquels ? 1= appauvrissement des sols, 2= manque de terre, 3= occupation des terres par les anacardiers
4= Colonisation des terres par les étrangers   Autres (à préciser)

1.8.1. Pendant combien d'année cultivez-vous les terrains avant de les abandonner

1an	2 ans	3ans	4 ans	5 ans	6 ans	7ans
8ans	9 ans	10ans	11 ans	12 ans	13 ans	14ans

1.8.2. Pendant combien de temps laissez-vous les terrains en jachère ?

1an	2 ans	3ans	4 ans	5 ans	6 ans	7ans
8ans	9 ans	10ans	11 ans	12 ans	13 ans	14ans

1.9 Evolution des champs
1.9.1. Votre champ évolue dans quel sens ?
1= Côté opposé à la rivière Adjiro   2= Côté Adjiro

2. Connaissez-vous la limite de la forêt classée? 1=Oui; 2=Non
2.1. Si oui, quelle est sa limite?...
2.2. Si non
pourquoi?...
.

2.3. Connaissez-vous la rivière Adjiro? 1= Oui   2=Non
Si oui à quelle occasion?
 1= Carbonisation;   2= Exploitation de bois d'œuvre; 3= Agriculture;
4=Recherche d'eau de boisson; 5= Chasse

6= Travaux de PAMF   7 autres à préciser..........................
2.4. Connaissez-vous la série de protection? 1 = Oui   2= Non
Si oui, où est-elle se située?
Si non pourquoi?

2.5. Usage de la série de protection
Economique
1=Agriculture, 2= Chasse,   3= élevage, 4 = Exploitation des bois d'œuvre 5= carbonisation
6=Exploitation des PFL   7= Pêche 8=Riziculture   9= Maraîchage   10= Ramassage de sable
10 = Chasse 11= abreuvement
Culturel
1= recherche des Pharmacopée   2 = Lieu de sacrifice
2.6. Importance de la rivière Adjiro (cours d'eau de la série de protection) pour les populations riveraines
Economique
1=Agriculture, 2= Chasse,   3= Exploitation des bois d'œuvre 4= carbonisation   5= Pêche 6=Exploitation des
PFL 7=Riziculture   8= Maraîchage   9= Ramassage de sable
10= abreuvement
Culturelle
1= Sacrifice aux esprits des Monts Kouffé
2 =Sacrifice aux esprits des eaux de Adjiro
3= Cérémonie traditionnelle
Sociale
1= Consommation d'eau par les agriculteurs proches
2= Consommation d'eau par toute la population en saison sèche
3= recherche feuille pour la pharmacopée

2.7. Comment apprécier vous l'état du cours d'eau Adjiro ?
1= plus ensablé   2= moins ensablé   3= moins herbeux 4= plus herbeux

2.8. Crochez puis attribuez des poids de 1 à 10 aux facteurs de dégradation des ligneux de la série de protection

Facteurs directs	Code	Notes
Agriculture (emprise agricole)	1	
Pâturage	2	
Carbonisation	3	
Exploitation du bois d'œuvre	4	
Erosion	5	
Feux végétation	6	

Facteurs indirects	Code	Notes
Augmentation de la population	1	
Pression des marchés des produits forestiers (forte demande en bois d'œuvre, charbon, bois de chauffe)	2	
Corruption des forestiers (Faiblesse des textes et lois forestiers)	3	
Mauvais rendement agricole (mauvaise répartition des pluies, inondation) (Facteur environnemental)	4	
Manque de terre au niveau des domaines non classés(occupation des terroirs par les anacardiers)	5	
Appauvrissement des terres dans les domaines non classés	6	
Implication des élus locaux dans l'exploitation forestière (Facteur politique)	7	
Installation des scieries dans les villages riverains de la forêt classée (Facteurs technologiques)	8	
Pauvreté monétaire (facteur économique)	9	

2.9. Dynamique des colons agricoles :
Avez-vous des colons agricoles dans votre village ?   1= Oui   2= Non
Sont-ils plus nombreux qu'aujourd'hui qu'il y a cinq ans ? 1=Oui   2=Non

2.9.1. D'où viennent-ils ? (Préciser le village d'origine)
2.9.2 Où s'installent-ils préférentiellement ?
    Fermes proches de la rivière Adjiro = 1
    villages d'accueil =2
2.9.3. Spéculation des colons

igname   coton   manioc   riz   maïs   mil   soja   haricot
3 Avez-vous participé aux activités de PAMF ?   0= non   1= oui
Si oui laquelle?...

3.1 Quelles sont les actions du projet qui ne vous ont pas satisfait ?..
4. Connaissez-vous le CVDD ?   0= non   1= oui
4.1 Si oui, quelles sont ces actions sur le terrain ?
....
4.2. Comment appréciez-vous ces actions? 0= Pas satisfait   1=Satisfait
   Si 0, dire en quoi vous n'êtes pas satisfaits
....
5-Que proposez-vous pour mieux protéger la série de protection des Monts Kouffé?

Annexe 4 : Questionnaire à adresser individuellement aux charbonniers

Informations générales
Secteur .... **Date de l'interview** :
Commune: .... **Village/quartier** : ....
Distance village –série de protection...................................
Origine : 1=Autochtone   2= Allochtone

1. Caractéristiques sociodémographiques
1.1. Sexe: 1 = masculin ; 2= féminin
1.2. Groupe socioculturel : 1= Fon; 2= Otamarie ;   3= Nagot ; 4= Lokpa ; 5=Peulh   6= Adja;   7= Autres (spécifier) :
1.3. Niveau d'instruction (*préciser l'année*): 0= Illettré ; 1=Primaire ; 2= Secondaire; 3Universitaire
1.4. Etat matrimoniale :1= célibataire ; 2=monogame ; 3= polygame 4= divorcé; 5=veuf
1.5. Quelle est votre activité principale?1= Agriculture; 2=Exploitation du bois d'œuvre; 3= Carbonisation   4= Commerçant (e)s;
5= Eleveurs de bœufs ;   6= Artisanat
1.6. Quelle est votre activité secondaire? 1= Agriculture ; 2= Exploitation du bois d'œuvre;   3= Carbonisation;   4= Commerçants ; 5=Elevage des bœufs ;   6= Artisanat
1.7. Classez par ordre de sélection les espèces exploitées

Nom scientifique	Nom local	Ordre de sélection
Prosopis africana		
Burkea Africana		
Lophira lanceolata		
Anogeissus leiocarpus		
Khaya senegalensis		
Vitellaria paradoxa		
Pterocarpus erinaceus		
Terminalia spp		
Isoberlinia doka		
Pseudrocedrela kotschyi		
Isoberlinia doka		
Detarium microcarpum		

2- Raisons de carbonisation (attribuer des notes sur 10 suivant leur poids)

Raisons	code	Notes
Baisse des rendements agricoles	1	
Forte demande en charbon	2	
Prix de vente du charbon élevé	3	
Fin du projet PAMF	4	
Charbon procure un capital substantiel régulier	5	
Mévente des produits agricoles	6	
Perte de bétail	7	
Insuffisance de revenu agricole	8	
Charbon permet de bénéficier des crédits	9	
Pauvreté	10	

3. Consommation du charbon
3.1 Utilisez-vous le charbon dans le ménage?   1= oui; 2=non
Si oui, pourquoi?
 Manque de bois de chauffe = **1**   Simple plaisir =**2**   Autres (à préciser)=**3**
Si non, pourquoi?
Disponibilité en bois de chauffe = **1**   charbon dégage de fumée =**2**
4. Avez-vous jamais bénéficié de crédit ?
1= oui ; 2=non
Si oui, pour quelle activité?
4.1. Montant .... Nom de l'institution........................

5. Connaissez-vous la limite de la forêt classée? 1 = Oui ;   2= Non

5.1. Si oui, quelle est sa limite ?...

5.2. Si non

pourquoi ?...

.6. Connaissez-vous la rivière Adjiro? 1=Oui;   2 =Non

Si oui à quelle occasion?

 1= Carbonisation;   2=Exploitation de bois d'œuvre; 3=Agriculture ; 4=Recherche d'eau de boisson;   5= Chasse 6=Travaux de PAMF   7= autres à préciser............................

Facteurs indirects	Code	Notes
Augmentation de la population	1	
Corruption des forestiers (Faiblesse des textes et lois forestiers)	2	
Mauvais rendement agricole (mauvaise répartition des pluies, inondation) (Facteur environnemental)	3	
Manque de terre au niveau des domaines non classés (occupation des terroirs par les anacardiers)	4	
Appauvrissement des terres dans les domaines non classés	5	
Implication des élus locaux dans l'exploitation forestière (Facteur politique)	6	
Installation des scieries dans les villages riverains de la forêt classée (Facteurs technologiques)	7	
Pauvreté monétaire (facteur économique)	8	
Forêt en tant qu'un bien commun (facteur sociologique)	9	

7. Connaissez-vous la série de protection? 1= Oui   2 =Non

Si oui, où est –elle située ?...

8. Importance de la rivière Adjiro (cours d'eau de la série de protection) pour les populations riveraines

Economique

1=Agriculture, 2= Chasse, 3= Exploitation des bois d'œuvre 4= carbonisation   5= Pêche 6=Exploitation des PFL   7=Riziculture 8= Maraîchage 9= Ramassage de sable

10= abreuvement

Culturelle

1= Sacrifice aux esprits des Monts Kouffé

2 =Sacrifice aux esprits des eaux de Adjiro

3= Cérémonie traditionnelle

Sociale

1= Consommation d'eau par les agriculteurs proches

2= Consommation d'eau par toute la population en saison sèche

3= recherche feuille pour la pharmacopée

9. Comment apprécier vous l'état du cours d'eau Adjiro ?

1= plus ensablé   2= moins ensablé   3= moins herbeux 4= plus herbeux

10. Attribuez des poids de 1 à 10 aux facteurs de dégradation des ligneux de la série de protection

Facteurs directs	Code	Notes
Agriculture (emprise agricole)	1	
Pâturage	2	
Carbonisation	3	
Exploitation du bois d'œuvre	4	
Erosion	5	
Feux végétation	6	

11. Dynamique des charbonniers

Enregistrez-vous des charbonniers étrangers dans votre village? 1=oui 2= Non

Sont-ils plus nombreux qu'aujourd'hui qu'il y a cinq ans? 1=Oui 2= Non

11.1 D'où viennent-ils ? (Préciser le village d'origine)

....

11.2 Où s'installent-ils préférentiellement ?

1= Dans les fermes proches de la rivière Adjiro

2 =Vivent dans les villages d'accueil **(préciser le nom du village)**...................................

11.3 Evaluation de la production

Mois	J	F	M	A	M	J	J	A	S	0	N	D
Nbre sac												

11.4 Consommation (utiliser 5 cailloux et demander aux charbonniers de les repartir suivant les consommateurs)
12. Possibilités de la reconversion des charbonniers vers d'autres activités moins destructrices de la biodiversité
12.1 À quelle condition pensez-vous abandonner la carbonisation ?
....
13. Enregistrer vous des cas de conflits avec
1=Agriculteurs 2 = Charbonniers   3= exploitants de bois d'œuvre, 4 =forestiers 5 = éleveurs
14. Dire les causes de ces conflits
....
15. Avez-vous participé aux activités de PAMF? 0= non   1= oui
Si oui laquelle?
....
16. Quelles sont les actions de PAMF qui vous ont satisfait ?
....
17. Quelles sont les actions de PAMF qui ne vous ont pas satisfait?..
18. Connaissez-vous le CVDD ?   0= non   1= oui

19. Si oui, quelles sont ces actions sur le terrain ?
....
20. Comment appréciez-vous ces actions? 0= Pas satisfait   1=Satisfait
21. Si 0, dire en quoi vous n'êtes pas satisfait
....
22. Que proposez-vous pour mieux protéger la série de protection des Monts Kouffé?
....
23. Que proposez-vous pour mieux protéger la forêt classée des Monts Kouffé?

Annexe 5 : Questionnaire à adresser individuellement aux éleveurs
Informations générales
Secteur: .... **Date de l'interview** :
Commune: .... **Village/quartier**: ....
Distance campement à la série de protection...................................
Nature: 1 = Nomades   2= Sédentaires
Origine :

1. Caractéristiques sociodémographique
1.1. Groupe socioculturel : 1=Fon; 2=Otamarie ;   3= Nagot; 4= Lokpa ; 5= Peulh
6 =Adja; 7=   Autres (spécifier):
1.2. Niveau d'instruction (*préciser l'année*):
0= Illettré ; 1= Primaire;   2= Secondaire;   3= Universitaire
1.3. Etat matrimoniale : 1= célibataire; 2= monogame; 3= polygame 4= divorcé; 5=veuf
1.4. Quelle est votre activité principale?
1= Agriculture 2= Exploitation du bois d'œuvre; 3= Carbonisation 4=Commerçant (e)s; 5=Eleveurs de bœufs
6= Artisanat
1.5. Quelle est votre activité secondaire?
1=Agriculture; 2=Exploitation du bois d'œuvre 3= Carbonisation;   4= Commerçants;
5= Elevage des bœufs;   6= Artisanat
2. Quelles sont les espèces ligneuses utilisées pour le fourrage?
(1)=*Khaya senegalensis   (2)= Pterocarpus erinaceus   (3)= Afzelia africana
4=Anogeissus leiocarpa 5=Isoberlinia doka   6=Bridelia ferruginea*   7=*Terminalia* spp 8 autres
(à préciser)

2.1. Comment appréciez-vous la disponibilité de ces essences dans la série de protection?
1= rare   2= abondant

2.2. Si 1, dire ce qui explique cette rareté des espèces
1=Coupe bois d'œuvre 2= recherche de bois de chauffe 3=carbonisation 4= émondage par les peulh

2.3. Quelles sont les nouvelles espèces que vous pensez exploiter suite à la rareté des premières sélectionnées?
....
....
2.4. Selon vous, l'émondage peut-il-il contribuer à la perte des ligneux 1= oui 2 = non

3. Connaissez-vous la limite de la forêt classée? 1= Oui; 2=Non
3.1. Si oui, quelle est sa limite ?..
3.2. Si non pourquoi ?
....
3. 3. Connaissez-vous la rivière Adjiro ? 1 = Oui;   2= Non
3.4. Connaissez-vous la série de protection? 1= Oui   2=Non
3.5 Si oui, où est-elle située ?
4. Importances de la rivière Adjiro (cours d'eau de la série de protection) pour les populations riveraines
Economique
1=Agriculture, 2= Chasse, 3= Exploitation des bois d'œuvre 4= carbonisation   5= Pêche 6=Exploitation des PFL 7=Riziculture 8= Maraîchage 9= Ramassage de sable
10= abreuvement
Culturelle
1= Sacrifice aux esprits des Monts Kouffé
2 =Sacrifice aux esprits des eaux de Adjiro
3= Cérémonie traditionnelle
Sociale
1= Consommation d'eau par les agriculteurs proches
2= Consommation d'eau par toute la population en saison sèche
3= recherche feuille pour la pharmacopée

5. Comment appréciez vous l'état du cours d'eau Adjiro?
1= plus ensablé   2= moins ensablé 3= moins herbeux 4= plus herbeux
6. Selon vous quels sont les facteurs qui contribuent à la dégradation des ligneux de la série de protection?
6.1. Crochez puis attribuez des poids de 1 à 10 aux facteurs de dégradation des ligneux de la série de protection

Facteurs directs	Code	Notes
Agriculture (emprise agricole)	1	
Pâturage	2	
Carbonisation	3	
Exploitation du bois d'œuvre	4	
Erosion	5	
Feux végétation	6	

Facteurs indirects	Code	Notes
Augmentation de la population	1	
Pression des marchés des produits forestiers (forte demande en bois d'œuvre, charbon, bois de chauffe)	2	
Corruption des forestiers (Faiblesse des textes et lois forestiers)	3	
Mauvais rendement agricole (mauvaise répartition des pluies, inondation) (Facteur environnemental)	4	
Manque de terre au niveau des domaines non classés (occupation des terroirs par les anacardiers)	5	
Appauvrissement des terres dans les domaines non classés	6	
Implication des élus locaux dans l'exploitation forestière (Facteur politique)	7	
Installation des scieries dans les villages riverains de la forêt classée (Facteurs technologiques)	8	
Pauvreté monétaire (facteur économique)	9	
Forêt en tant qu'un bien commun (facteur sociologique)	10	

7. Dynamique des peulhs
7.1. Enregistrez-vous des peulh étrangers dans votre village? 1= Oui   2= Non
7.2 .Sont-ils plus nombreux qu'aujourd'hui qu'il y a cinq ans? 1 = Oui   2=Non
7.3. D'où viennent-ils? (Préciser le village d'origine)
7.4. Enregistrez- vous des cas de conflits? 1 = Oui   2=Non
Si oui, avec qui?
1= Agriculteurs 2 = Charbonniers 3= exploitants de bois d'œuvre, 4=forestier
7.5 Dire les causes de ces conflits
....
8. Avez-vous participé aux activités de PAMF ?   1= oui   2= non
Si oui laquelle?
....
9. Quelles sont les actions de PAMF qui vous ont satisfait ?
....
10 Quelles sont les actions qui ne vous ont pas satisfait ?...
11. Connaissez-vous le CVDD ?   0= non   1= oui
11.1. Si oui, quelles sont ces actions sur le terrain ?
....
11.2. Comment appréciez-vous ces actions? 0= Pas satisfait   1=Satisfait
11.3. Si 0, dire en quoi vous n'êtes pas satisfaits
....

12. Que proposez-vous pour mieux protéger la série de protection des Monts Kouffé?
....

Annexe 6: Questionnaire à adresser aux exploitants de bois d'œuvre
Informations générales
Secteur: .... **Date de l'interview**:
Commune: .... **Village/quartier**: ....…
Distance village –série de protection....................................
Origine: 1   Autochtone   2   Allochtone

1. Caractéristiques sociodémographiques
1.1. Sexe: 1= masculin; 2= féminin
1.2. Groupe socioculturel: 1= Fon   2= Otamarie;   3= Nagot;
4= Lokpa 5= Peulh   6= Adja 7= Autres (spécifier):
1.3. Niveau d'instruction (*préciser l'année*):
0 = Illettré ; 1=Primaire;   2= Secondaire; 3=Universitaire
1.4. Etat matrimoniale: 1= célibataire; 2= monogame; 3= polygame
 4= divorcé; 5= veuf
1.5. Quelle est votre activité principale?
1   Agriculture;   2   Exploitation du bois d'œuvre ;   3   Carbonisation ;
4   Commerçant (e)s;   5   Eleveurs de bœufs ;   6   Artisanat
1.6. Quelle est votre activité secondaire?
1= Agriculture ;   2= Exploitation du bois d'œuvre;   3=Carbonisation;
 4 = Commerçants ;   5=Elevage des bœufs;   6= Artisanat
1.7 Où exploitez-vous principalement les bois d'œuvre?
1=Forêt classée   2= domaine non classé
1.8. Classez par ordre d'importance (disponibilité dans la forêt classée) les espèces exploitées
(**Attribuer de note sur 10 points**)

Nom scientifique	Forêt classée	Domaine non classé
Khaya senegalensis		
Pterocarpus erinaceus		
Afzelia africana		
Anogeissus leiocarpus		
Isoberlinia doka		
Terminalia spp		
Daniellia oliveri		

1.8.1. Quels sont les acteurs qui orientent le choix des espèces que vous exploiter?
1=Forestier   2=Etat   3=exploitant eux-mêmes   4=chinois   5= japonais   6=Propriétaire des scieries, autres (à préciser)

1.8.2. Raisons d'exploitation de bois d'œuvre (attribuer des notes sur 10 suivant leur poids)

Raisons	code	Notes
Baisse des rendements agricoles	1	
Forte demande en charbon	2	
Prix de vente du charbon élevé	3	
Fin du projet PAMF	4	
Charbon procure un capital substantiel régulier	5	
Mévente des produits agricoles	6	
Perte de bétail	7	
Insuffisance de revenu agricole	8	
Charbon permet de bénéficier des crédits	9	
Pauvreté	10	

2. Avez-vous jamais bénéficié de crédit ?
1 = oui ; 2= non
Si oui, pour quelle activité?
....
Montant .... ….. **Nom de l'institution**.........................

3. Connaissez-vous la limite de la forêt classée ? 1= Oui;   2= Non
3.1. Si oui, quelle est sa limite?...
3.2. Si non
pourquoi?..
4. Connaissez-vous la rivière Adjiro ? 1= Oui   2= Non
Si oui à quelle occasion?
 1= Carbonisation 2= Exploitation de bois d'œuvre 3= Agriculture ; 4= Recherche d'eau de boisson   5= Chasse
6=Travaux de PAMF   7= autres à préciser..........................
5. Connaissez-vous la série de protection? 1= Oui   2= Non
Si oui, où est-elle située ?..
6. Importance de la rivière Adjiro (cours d'eau de la série de protection) pour les populations riveraines
Economique
1=Agriculture, 2= Chasse, 3= Exploitation des bois d'œuvre 4= carbonisation   5= Pêche 6=Exploitation des
PFL 7=Riziculture   8= Maraîchage   9= Ramassage de sable
10= abreuvement
Culturelle
1= Sacrifice aux esprits des Monts Kouffé
2 =Sacrifice aux esprits des eaux de Adjiro
3= Cérémonie traditionnelle
Sociale
1= Consommation d'eau par les agriculteurs proches
2= Consommation d'eau par toute la population en saison sèche
3= recherche feuille pour la pharmacopée
7. Comment apprécier vous l'état du cours d'eau Adjiro ?
1= plus ensablé   2= moins ensablé 3= moins herbeux 4= plus herbeux

8. Crochez puis attribuez des poids de 1 à 10 aux facteurs de dégradation des ligneux de la série de protection

Facteurs directs	Code	Notes
Agriculture (emprise agricole)	1	
Pâturage	2	
Carbonisation	3	
Exploitation du bois d'œuvre	4	
Erosion	5	
Feux végétation	6	

Facteurs indirects	Code	Notes
Augmentation de la population	1	
Pression des marchés des produits forestiers (forte demande en bois d'œuvre, charbon, bois de chauffe)	2	
Corruption des forestiers (Faiblesse des textes et lois forestiers)	3	
Mauvais rendement agricole (mauvaise répartition des pluies, inondation) (Facteur environnemental)	4	
Manque de terre au niveau des domaines non classés (occupation des terroirs par les anacardiers)	5	
Appauvrissement des terres dans les domaines non classés	6	
Implication des élus locaux dans l'exploitation forestière (Facteur politique)	7	
Installation des scieries dans les villages riverains de la forêt classée (Facteurs technologiques)	8	
Pauvreté monétaire (facteur économique)	9	
Forêt en tant qu'un bien commun (facteur sociologique)	10	

9. Dynamique des exploitants de bois d'œuvre
Enregistrez-vous des exploitants étrangers dans votre village? 1= Oui   2= Non
Sont-ils plus nombreux qu'aujourd'hui qu'il y a cinq ans? 1 = Oui   2=Non
9.1. D'où viennent-ils ? (Préciser le village d'origine)

10. Possibilités de la reconversion des exploitants vers d'autres activités moins destructrices de la biodiversité.
10.1 À quelle condition pensez-vous abandonner l'exploitation du bois d'œuvre ?
....
10.2 Au profit de quelle activité pensez-vous abandonner l'exploitation de bois d'œuvre ?
11. Enregistrer vous des cas de conflits avec
1 =   Agriculteurs   2= Charbonniers 3 =exploitants de bois d'œuvre, 4 =forestiers   5= éleveurs
12. Dire les causes de ces conflits
....
13. Avez-vous participé aux activités de PAMF ?   0= non   1= oui
Si oui laquelle? ....
14.. Quelles sont les actions de PAMF qui vous ont satisfait ?...

15.   Quelles   sont   les   actions   de   PAMF   qui   ne   vous   ont   pas   satisfait?
....
16. Connaissez-vous le CVDD ?   0= non   1= oui
Si oui, comment appréciez-vous ces actions sur le terrain?   0= Pas satisfait   1=Satisfait
Si 0, dire en quoi vous n'êtes pas satisfaits
....
17. Que proposez-vous pour mieux protéger la série de protection des Monts Kouffé?
....

18. Que proposez-vous pour mieux protéger la forêt classée des Monts Kouffé?

Annexe 7: Focus group mobilisant les agriculteurs, charbonniers, peulhs, chasseurs exploitants bois d'œuvre

Attribuer de poids à chacun des facteurs en fonction de leur importance dans la dégradation des ligneux

Facteurs indirects	Augmentation de la population (AP)	Forte demande des produits forestiers (FPF)	Corruption des forestiers (CF)	Mauvais rendement agricole (MA)	Appauvrissement des terroirs riverains de la FC des Monts Kouffé (ADC	Implication des élus locaux dans l'Exploitation Forestière (IEF)	Augmentation des scieries (AS) dans les villages riverains des Monts Kouffé	Pauvreté monétaire (PM)
Augmentation de la population (AP)								
Forte demande des produits forestiers (FPF)								
Corruption des forestiers (CF)								
Mauvais rendement agricole (MA)								
Manque de terre Domaines non Classés (MDC)								
Appauvrissement des terroirs riverains de la FC des Monts Kouffé (ADC)								
Implicatio élus locaux dans Exploitat Forestièr e (IEF)								
Augmentation des scierie(AS)								

dans les villages riverains des Monts Kouffé								
Pauvreté monétaire **(PM)**								

2. Connaissez-vous le CVDD?   0= non   1= oui

3. Si oui, quelles sont ces actions sur le terrain ?
....
....
4. Comment appréciez-vous ces actions?   0= Pas satisfait   1=Satisfait
5. Si 0, dire en quoi vous n'êtes pas satisfaits
....

Annexe 8: Attribuer de note sur 10 points à chaque réponse

Limite de pérennisation des acquis de PAMF	Codes	Notes sur 10 points
Pas de fonds pour payer les prestataires	1	
Mésentente entre les membres de CVDD	2	
Corruption des autorités locales (Chef du village et CA)	3	
Corruption des forestiers	4	
Corruption des chefs chasseurs	5	
Mise en place tardive du CVDD	6	
Mise en place des structures parallèles au CVDD collectant des fonds dans le village	7	
Non reconnaissance de l'autorité des membres du CVDD par la population	8	
Implication des membres du CVDD dans l'exploitation illégale des ligneux	9	
Manque de formation aux CVDD	10	

Si non pourquoi ? Attribuer de note sur 10 points à chaque réponse (les réponses à ces questions permettent de déterminer les limites de CVDD)

Limite de pérennisation des acquis de PAMF	Codes	Notes sur 10 points
Pas de fonds pour payer les prestataires	1	
Mésentente entre les membres de CVDD	2	
Corruption des autorités locales (Chef du village et CA)	3	
Corruption des forestiers	4	
Corruption des chefs chasseurs	5	
Mise en place tardive du CVDD	6	
Mise en place des structures parallèles au CVDD collectant des fonds dans le village	7	
Non reconnaissance de l'autorité des membres du CVDD par la population	8	
Implication des membres du CVDD dans l'exploitation illégale des ligneux	9	
Manque de formation aux CVDD	10	

Annexe 9: Questions adressées aux CVDD, CEGRN, CRDRN, CVAGRN et CVC
Attribuer de note sur 10 points à chaque réponse

Activités des CVDD ET CEGRN	Codes	Notes sur 10 points
Réunions au sein des membres des structures de cogestion (**RM**)	1	
Sensibilisation des populations sur les règles de gestion des ressources naturelles (**SP**)	2	
Réunions entre les structures de cogestion, les prestataires et les représentants de l'Etat (**TRS**)	3	
Surveillance de la forêt classée contre le braconnage, l'exploitation forestière et son occupation par les champs (**SS**)	4	
Réalisation des feux précoces dans la série de protection (**FP**)	5	
mobilisation des fonds sur l'exploitation des ressources naturelles par des privés et/ou comités (**MF**)	6	
Reboisement de la série de protection (**RT**)	7	
Franche collaboration entre les structures de cogestion (CVDD, CEGRN, CRDRN), les Chefs d'Unité d'Aménagement et les Confréries Villageoises des Chasseurs (**CUA**)	8	

Activités des CRDRN	Codes	Notes sur 10 points
Elaboration d'un plan intercommunal de gestion des ressources naturelles partagées (**GP**)	1	
Mise en œuvre d'un plan intercommunal de gestion des ressources naturelles (**PI**)	2	
Promotion de la coopération avec les institutions nationales, régionales ou internationales intéressées (**C I**)	3	
Animation de l'intercommunalité(**AI**)	4	
Gestion des conflits intercommunaux liés à la gestion des ressources partagées en liaison avec les structures spécialisées (**GC**)	5	
Promotion des initiatives favorables à la gestion durable des ressources naturelles intercommunales (**RI**)	6	

Activités des CVAGRN et CVC	Codes	Notes sur 10 points
Réunion avec les ADL **RA** :	1	
VP : Visite des plantations installées par le projet PAMF	2	
SP : Surveillance des plantations contre les incendies et les transhumants	3	
SE : Surveillance de la forêt classée contre le braconnage, l'exploitation forestière et son occupation par les champs	4	
RC: Réunion avec les Chef d'Unité d'Aménagement	5	
AP : Appui des structures de cogestion à l'entretien des plantations	6	
RF: Réunion avec les Chefs Postes Forestiers	7	
RG : Réunion avec les structures de cogestion	8	
AR : Appui des structures de cogestion au regarnissage des plantations	9	

Annexe 10: Zones de chasses

Découpage traditionnel des zones de chasses dans les Forêts Classées des Monts Kouffé et de Wari-Maro

Annexe 11: Coordonnées des placeaux

N°	Coordonnées		N°	Coordonnées	
	X	Y		X	Y
1	356347	972835	50	356607	970142
2	356188	973843	51	357291	969956
3	356254	973876	52	357413	970023
4	356078	972647	53	356883	970337
5	355854	972536	54	357195	970627
6	355616	972498	55	357306	970660
7	355920	972889	56	356998	971360
8	356058	972915	57	357216	971440
9	356136	972958	58	357310	971420
10	356160	973819	59	357118	969833
11	355995	973616	60	351257	970272
12	355886	973431	61	356111	970273
13	356458	973957	62	356396	970398
14	356626	974136	63	356681	970556
15	356498	973417	64	356914	970673
16	356743	973514	65	356220	970831
17	356935	973562	66	357559	971074
18	356610	973029	67	356438	969256
19	356346	972836	68	356745	969457
20	356185	972695	69	356977	969616
21	356257	972796	70	357273	969806
22	355550	973865	71	357569	969943
23	355772	973991	72	357812	970081
24	356015	974086	73	355952	970620
25	356301	974182	74	356227	970725
26	356502	974287	75	356576	970916
27	356722	974382	76	356882	971074
28	355804	972776	77	357167	971212
29	356036	972924	78	357472	971381
30	356322	973061	79	356280	970059
31	356576	973199	80	356618	970239
32	356829	973336	81	354567	956323
33	357093	973452	82	354310	956292
34	355952	972543	83	354122	956276
35	355730	972448	84	354060	956804
36	356153	972638	85	354579	956925
37	356480	972776	86	354689	956948
38	356702	972903	87	354593	957532
39	357041	973051	88	354400	957370
40	357337	973188	89	354187	957270
41	357116	969857	90	354951	957445
42	356940	971224	91	355162	957541
43	356694	971141	92	355542	957171
44	356562	971039	93	355312	957012
45	356754	970829	94	354768	957019
46	356473	970837	95	354739	956480
47	356251	970803	96	355034	956499
48	357032	969884	97	355219	956570
49	356720	970065	98	354658	957522

N°	Coordonnées		N°	Coordonnées	
	X	Y		X	Y
99	351465	972172	149	385640	945245
100	354687	957522	150	386762	944175
101	353521	957059	151	386847	944412
102	353870	957122	152	387013	944597
103	354208	957196	153	386416	943803
104	356599	957249	154	386453	944019
105	355001	957334	155	386621	944128
106	355371	957376	156	386237	944709
107	355825	957439	157	386166	944832
108	353394	955907	158	386110	944230
109	353753	955950	159	385952	944014
110	354134	956023	160	385921	943814
111	354515	956087	161	385556	944260
112	354980	956203	162	385504	944524
113	355445	956298	163	385479	944645
114	355910	956330	164	379380	947767
115	353627	958145	165	379759	947541
116	353986	958169	166	378028	948326
117	354324	958274	167	377976	948194
118	355117	958285	168	377897	948054
119	355466	958359	169	378319	947641
120	357423	952447	170	378602	947757
121	358147	951763	171	378719	947851
122	358078	951549	172	379731	947277
123	358040	951351	173	379621	947053
124	356932	952034	174	379630	946907
125	356996	952231	175	379627	947697
126	356988	952424	176	379054	948149
127	357220	950421	177	378838	948057
128	357294	950971	178	378704	948127
129	357241	951478	179	378276	948403
130	357178	951986	180	378242	948679
131	357273	952387	181	378081	948768
132	358594	950378	182	367166	953064
133	358563	950929	183	367293	953983
134	358573	951489	184	367388	956860
135	358594	951901	185	400257	940975
136	358615	952313	186	401412	940036
137	358647	952694	187	401329	939632
138	359346	950242	188	400809	939798
139	359768	950770	189	400976	940124
140	359768	950770	190	400986	940308
141	359799	951235	191	400098	940718
142	359810	951827	192	399948	940493
143	359916	952408	193	399886	940327
144	359905	952885	194	400528	941250
145	396244	794218	195	400832	940785
146	386273	944519	196	400795	940612
147	385508	944834	197	400816	940553
148	385570	945044	198	401355	940363

N°	Coordonnées		N°		Coordonnées	
	X	Y			X	Y
199	401428	940640	221		409374	939895
200	401492	940857	222		409542	940837
201	394173	932257	223		410990	938868
202	390274	941065	224		411006	940080
203	389831	941815	225		379731	947277
204	389686	941348	226		379621	947053
205	389453	940837	227		379630	946907
206	389584	940727	228		379627	947697
207	389043	940678	229		379054	948149
208	389084	939978	230		378838	948057
209	389950	940708	331		378704	948127
210	390144	940821	232		378276	948403
211	390176	940873	233		378242	948679
212	390180	941239	234		378081	948768
213	390096	941384	235		367166	953064
214	390001	942001	236		400528	941250
215	390262	942093	237		400832	940785
216	390364	942362	238		400795	940612
217	389921	942880	239		400816	940553
218	390202	942743	240		401329	939632
219	390374	942643				
220	409289	933919				

Liste des planches

Planche 1 : Etapes de la carbonisation par la meule aérienne............... 63

Planche 2 : Quelques espèces ligneuses coupées à la tronçonneuse dans 69
la série de protection ....

Liste des photos

Photo 1 : Séance de discussion avec les agriculteurs à Kprèkètè...... 48

Photo 2 : Séance de discussion avec les éleveurs peulhs à Akpassi... 48

Photo 3 : Habitations précaires des charbonniers professionnels
dans la série de protection à Djagbalo........................ 65

Photo 4 : Habitations précaires des charbonniers professionnels
dans la série de protection à Akpassi.......................... 65

Photo 5 : Un camion chargé de *Pterocarpus erinaceus* dans la série
de protection (secteur Bobè) 70

Photo 6 : Un braconnier rencontré dans la série de protection
(secteur Akpassi)... 70

Photo 7 : Un titan chargé de *Pterocarpus erinaceus* à Banon en
direction de Cotonou 73

Photo 8 : Rive de la rivière Adjiro érodée (secteur Okouta-Ossé) 75

Photo 9 : Scène d'abreuvement d'un troupeau de bœufs au bord de
la rivière Adjiro (secteur Okouta-Ossé), facteur de
dégradation et d'érosion des berges par piétinement 77

Photo 10 : Plantation pure de *Gmelina arborea* réalisée par PAMF en
2003 85

Photo 11 : *Daniellia oliveri* calciné par les rémanents de
Pterocarpus erinaceus 95

Photo 12 : Champ d'ignames dans la série de protection des Monts
(secteur Biguina) 96

Photo 13 : *Afzelia africana* émondé 97

Photo 14 : Matériels de chasse et de coupe saisis par la CVC et
stockés à l'Antenne /PAMF de Bantè. 110

Liste des figures

Figure	1	: Localisation du milieu d'étude..............................	26
Figure	2	: Diagramme climatique de la région des Monts Kouffé (1980-2010)..	27
Figure	3	: Variations mensuelles de la température dans la région des Monts Kouffé (1980-2010)	28
Figure	4	: Répartition des transects dans la série de protection des Monts Kouffé...	35
Figure	5	: Vue des placeaux et des secteurs de la série de protection	36
Figure	6	: Importance des facteurs de pression sur les ligneux de la série de protection	60
Figure	7	: Structure diamétrique des espèces abattues par les agriculteurs dans la série de protection	62
Figure	8	: Classe de diamètre des arbres carbonisés dans la série de protection...	68
Figure	9	: Variation de la fréquence par espèce exploitée comme bois d'œuvre dans la série de protection..............................	72
Figure	10	: Structure diamétrique de *Pterocarpus erinaceus* exploité......	74
Figure	11	: Répartition territoriale des espèces mortes sur pied sous l'effet de l'eau..	76
Figure	12	: Taux d'émondage des espèces appétées dans la série de protection...	78
Figure	13	: Structures diamètriques des espèces émondées..............	79
Figure	14	: Structure diamétrique des espèces épargnées par secteur de la série de protection...	84
Figure	15	: Spectres des types biologiques et des types phytogéographiques du secteur Aoro..........................	86
Figure	16	: Spectres des types biologiques et des types phytogéographiques du secteur Biguina..........................	87
Figure	17	: Spectres des types biologiques et des types phytogéographiques du secteur Kprèkètè......................	88
Figure	18	: Spectres des types biologiques et des types phytogéographiques du secteur Okouta-Ossé....................	88
Figure	19	: Spectres des types biologiques et des types phytogéographiques du secteur Akpassi.......................	89
Figure	20	: Spectres des types biologiques et des types	

			phytogéographiques du secteur Bobè............................	90
Figure	**21**	:	Evolution de la population des arrondissements riverains de la série de protection des Monts Kouffé...........................	101
Figure	**22**	:	Variation du coefficient L d'Allan par secteur de la série de protection...	102
Figure	**23**	:	Circuit et zone de provenance des acteurs exerçant de pression sur les ligneux de la forêt classée des Monts Kouffé..	103
Figure	**24**	:	Schéma illustrant les facteurs directs et indirects de la dégradation des ligneux de la série de protection des Monts Kouffé..	106
Figure	**25**	:	Organigramme du cadre institutionnel de cogestion de la forêt..	112
Figure	**26**	:	Cadre théorique d'une cogestion durable des ressources forestières..	115
Figure	**27**	:	Score moyen par activités deCRDRN...............................	116
Figure	**28**	:	Score moyen par activité des CEGRN et CVDD..	118
Figure	**29**	:	Scores moyens des CVAGRN et CVC...............................	119
Figure	**30**	:	Score d'efficacité par structures......................................	120
Figure	**31**	:	Modèle d'analyse des forces et limites des structures de cogestion..	126
Figure	**32**		Schéma illustrant l'érosion et le transport du bois par gravité (adapté de Benchaabane, cité par Tenté, 2005)	133

Liste des tableaux

Tableau   I   : Répartition des villages par secteur de la série de protection ..   34
Tableau   II   : Répartition   des   enquêtés   par   catégories
                     socioprofessionnelles...   47
Tableau   III   : Échantillonnage d'évaluation de l'efficacité des structures de
                     cogestion   52
Tableau   IV   : Modalités, scores moyens et niveaux de réalisation des   54
                     activités...
Tableau   V   : Principe du calcul du coefficient de concordance de rangs W
                     de Kendall..   56
Tableau   VI   : Espèces carbonisées par secteur de la série de protection   66
Tableau   VII   : Espèces exploitées comme bois d'œuvre par secteur de la
                     série de protection   71
Tableau   VIII   : Composition floristique et paramètres de diversité par secteur
                     de la série de protection...   80
Tableau   IX   : Variation   des   densités   par   secteurs   de   la   série   de
                     protection...   82
Tableau   X   : Scores moyens attribués par les groupes socioprofessionnels
                     aux facteurs directs de la dégradation des ligneux..............   91
Tableau   XI   : Rang des facteurs directs de la dégradation des ligneux   92
Tableau   XII   : Scores moyens attribués par les groupes socioprofessionnels
                     aux facteurs indirects de la dégradation des ligneux............   98
Tableau   XIII   : Ordre hiérarchique des facteurs de motivation pour
                     l'aménagement des Monts Kouffé par les comités de
                     reboisement/CVAGRN   123
Tableau   XIV   : Ordre hiérarchique des facteurs de motivation pour
                     l'aménagement des Monts Kouffé par les pépiniéristes).......   124
Tableau   XV   : Ordre hiérarchique des facteurs de motivation pour
                     l'aménagement des Monts Kouffé par les Confrérie
                     Villageoises des Chasseurs (CVC)..............................   125

Liste des encadrés

Encadré   1 : Déclaration d'un agriculteur du village Okouta-Ossé sur les
                raisons justifiant l'ampleur de la carbonisation des ligneux   99
Encadré   2 : Déclaration d'un agriculteur de Pira sur les raisons justifiant
                l'ampleur de la.carbonisation des ligneux   100
Encadré   3 : Déclaration du chef des chasseurs de la Commune de Bantè sur   122
                le bilan des activités de surveillance de la forêt classée.........

TABLE DES MATIERES

SOMMAIRE.. 2

SIGLES ET ACRONYMES 3

DÉDICACE.. 4

REMERCIEMENTS.. 5

RÉSUMÉ.. 7

ABSTRACT.. 8

INTRODUCTION GÉNÉRALE.. 9

PREMIERE PARTIE : Cadre théorique, milieu d'étude et approche
méthodologique 13

CHAPITRE I : Cadre théorique 14

1.1. Problématique 14

1.2. Hypothèses de recherche 20

1.3. Objectifs de recherche 20

1.4. Clarification des concepts et des termes..................... 21

CHAPITRE II : MILIEU D'ETUDE.................................... 25

2.1. Situation géographique 25

2.2. Données physiques... 27

2.2.1. Précipitations et évapotranspiration......................... 27

2.2.2. Température 28

2.2.3. Relief et hydrographie.. 29

2.2.4. Sols et végétation 29

2.2.5. Espèces fauniques.. 30

2.3. Caractéristiques socio-économiques 30

2.3.1. Groupes socio-linguistiques.................................... 30

2.3.2. Activités socio-économiques 31

2.3.2.1. Agriculture.. 31

2.3.2.2. Élevage... 31

2.3.2.3. Chasse 31

2.3.2.4. Pêche 32

2.3.2.5. Exploitation de bois d'œuvre............................... 32

2.3.2.6. Fabrication de charbon.. 32

2.3.2.7. Cueillette... 33

CHAPITRE III : APPROCHE MÉTHODOLOGIQUE........... 34

3.1. Evaluation des facteurs directs de menace et de pression sur les ligneux de
la série de protection 34

3.1.1. Phase du laboratoire... 34

3.1.2. Phase de terrain... 37

3.1.2.1. Forme, dimensions et répartition des placeaux.......... 37

3.1.2.2. Données collectées dans les placeaux…………………………….... 37

3.1.2.2.1. Identification des espèces……………………………………. 38

3.1.2.2.2. Limites de l'approche méthodologique…………………………. 39

3.1.3. Traitement des données d'évaluation des facteurs directs de menace et de pression sur les ligneux de la série de protection des Monts Kouffé… 39

3.1.3.1. Evaluation des taux de disparition des espès par types d'activités … 39

3.1.3.1.1. Répartition des arbres abattus et morts sur pieds par classes de diamètre …………………………………………………………….. 40

3.1.3.2. Evaluation de la superficie des trouées créées par la carbonisation…………………………………………………………… 41

3.2. Méthodes de caractérisation des paramètres de diversité et structuraux de la végétation épargnée par secteur de la série de protection………………… 41

3.2.1. Traitement des données relatives à la caractérisation des paramètres de diversité et structuraux de la végétation épargnée par secteur de la série de protection ……………………………………………………………….. 41

3.2.1.1. Diversité floristique……………………………………………. 41

3.2.1.2. Structure de la végétation épargnée par secteur de la série de protection …………………………………………………………… 43

3.2.1.2.1. Densité des arbres de la série de protection ………………….... 43

3.2.1.2.2. Répartition des espèces épargnées par classes de diamètre………… 44

3.2.1.2.3. Spectres de distribution des espèces épargnées par secteur de la série de protection ……………………………………………………………… 44

3.3. Méthodes d'analyse de la perception des groupes socioprofessionnels sur les facteurs de menace et de pression des ligneux de la série de protection. 46

3.3.1. Outils et données collectées relatives à la perception des populations sur les facteurs de menace et de pression des ligneux de la série de protection…… 46

3.3.2. Echantillonnage lié à la perception des populations sur les facteurs de menace et de pression des ligneux de la série de protection …………………... 46

3.3.3. Technique de collecte des données liées à la perception des populations sur les facteurs de menace et de pression des ligneux de la série de protection 47

3.3.4. Traitement des données relatives à la perception des populations sur les facteurs de menace et de pression des ligneux de la série de protection……. 48

3.4. Méthodes d'évaluation de l'efficacité des structures de cogestion à l'exécution du Plan d'Aménagement Participatif ………………………….. 50

3.4.1. Population cible……………………………………………….. 50

3.4.2.Données collectées………………………………………………. 50

3.4.2.1. Données collectées auprès des structures cogestion ………………… 50

3.4.2.2. Données collectées auprès des prestataires…………………………. 51

3.4.2.3. Données collectées auprès des représentants de l'État (CUA, ADL et CPF) …………………………………………………………………… 51

3.4.3. Échantillonnage pour l'évaluation de l'efficacité des structures de cogestion ……………………………………………………………… 51

3.4.4. Technique d'évaluation de l'efficacité des structures de cogestion 52

3.4.5 Hiérarchisation des facteurs de motivation des prestataires pour l'aménagement de la forêt classée pendant la phase active du projet PAMF... 53

3.4.6 Traitement des données d'évaluation de l'efficacité des structures de cogestion à l'exécution du Plan d'Aménagement Participatif.................... 54

3.4.6.1. Détermination du score moyen des activités.............................. 54

3.4.6.2. Détermination du Score d'efficacité (S_{eff}) d'une structure........... 54

3.4.6.3. Analyse comparative du classement des facteurs de motivation des prestataires pour l'aménagement de la forêt classée des Monts Kouffé pendant la phase active du projet PAMF.. 55

Conclusion partielle.. 57

DEUXIEME PARTIE : PRÉSENTATION DES RÉSULTATS 59

CHAPITRE IV : FACTEURS DIRECTS DE PRESSION SUR LES LIGNEUX DE LA SERIE DE PROTECTION DES MONTS KOUFFE.. 60

4.1. Série de protection, un écosystème en pleine destruction.................... 60

4.1.1. Facteurs directs de perte des ligneux de la série de protection........... 60

4.1.1.1. Expansion de l'agriculture, un facteur direct largement prépondérant de la perte des ligneux 61

4.1.1.1.1. Diamètre des espèces abattues par les agriculteurs, un risque pour la reconstitution du peuplement ligneux.. 61

4.1.1.2. Carbonisation, une activité destructrice des ligneux 63

4.1.1.2.1. Acteurs impliqués dans la fabrication du charbon.................... 64

4.1.1.2.2. Espèces sélectionnées par les charbonniers dans la série de protection 66

4.1.1.2.3. Diamètre carbonisé, un risque pour les espèces sélectionnées......... 67

4.1.1.2.4. Carbonisation, source de fragmentation de la série de protection... 70

4.1.1.3. Exploitation sélective de bois d'œuvre, source d'extinction de certaines espèces de la série de protection.. 70

4.1.1.3.1. Fort abattage de *Pterocarpus erinaceus*, un risque pour l'espèce 73

4.1.1.3.2. Structure diamétrique de *Pterocarpus erinaceus* exploités 74

4.1.1.4. Erosion, un facteur naturel contribuant à la perte des ligneux de la série de protection 75

4.1.1.5. Pâturage, une activité destructrice des espèces ligneuses de la série de protection 76

4.1.1.5.1. Structure diamétrique des espèces émondées 78

CHAPITRE V : CARACTÉRISATION DE LA VÉGÉTATION ÉPARGNÉE PAR SECTEUR DE LA SÉRIE DE PROTECTION 80

5.1. Composition floristique et diversité spécifique des espèces épargnées dans le secteur Aoro 80

5.2. Densité du peuplement arborescent et répartition des effectifs par classes diamètre 82
5.2.1. Densité du peuplement arborescent.. 82
5.2.2. Répartition des effectifs par classes de diamètre........................... 83
5.3. Spectres de distribution des espèces dans les secteurs de la série de protection 86
5.3.1. Spectres de distribution dans le secteur Aoro.............................. 86
5.3.2. Spectres de distribution dans le secteur Biguina.......................... 87
5.3.3. Spectres de distribution dans le secteur Kprèkètè......................... 87
5.3.4. Spectres de distribution dans le secteur Okouta-Ossé..................... 88
5.3.5. Spectres de distribution dans le secteur Akpassi........................... 89
5.3.6. Spectres de distribution dans le secteur Bobè.............................. 90
CHAPITRE VI : PERCEPTIONS DES GROUPES SOCIOPROFESSIONNELS SUR LES DÉTERMINANTS DE LA DÉGRADATION DES LIGNEUX... 91
6.1. Analyse de la perception des groupes socioprofessionnels sur les facteurs directs de dégradation des ligneux de la série de protection........................ 91
6.1.1. Justification des perceptions par groupes socioprofessionnels............ 93
6.1.1.1 Argumentation des agriculteurs 93
6.1.1.2. Justification du point de vue des éleveurs sur les facteurs directs de pression sur les ligneux.. 94
6.1.1.3. Argumentation justifiant la perception des charbonniers............... 94
6.1.1.4. Argumentation justifiant la perception des exploitants du bois d'œuvre 95
6.2. Perceptions des groupes socioprofessionnels sur les facteurs indirects de dégradation des ligneux de la série de protection................................ 97
6.2.1. Justification de la perception des groupes socioprofessionnels sur les facteurs indirects de la dégradation des ligneux 98
6.2.1.1. Pauvreté monétaire, premier facteur indirect de la pression sur les ligneux 99
6.2.1.2. Occupation des terres par les anacardiers, un facteur indirect non négligeable de pression sur les ligneux de la série de protection.............. 100
6.2.1.3 Augmentation de la population des arrondissements riverains des Monts Kouffé, facteur de régression des ligneux de la série de protection...... 100
6.2.1.4. Surexploitation des terres dans les villages riverains des Monts Kouffé, source de pression sur les ligneux de la série de protection............... 101
6.2.1.5. Pression des marchés du bois, un facteur de la destruction des ligneux 104
6.2.1.6. Faible implication de l'État dans la gestion des forêts, une opportunité pour l'exploitation anarchique des ligneux..................................... 105
Conclusion partielle... 107

TROISIÈME PARTIE : APTITUDES DES STRUCTURES DE COGESTION A L'EXÉCUTION DU PLAN D'AMÉNAGEMENT ET DISCUSSION DES RÉSULTATS.. 108

CHAPITRE VII : APTITUDES DES STRUCTURES DE COGESTION A
L'EXÉCUTION DU PLAN D'AMÉNAGEMENT PARTICIPATIF............. 109
7.1. Plan d'aménagement participatif.. 109
7.2. Contexte et justification de la mise en place d'un cadre institutionnel de
cogestion 111
7.3. Disposition juridique de la mise en place des organes de cogestion...... 114
7.4. Articulation entre le cadre institutionnel de cogestion, les prestataires et
les représentants de l'État 114
7.5. Efficacité des structures de cogestion.......................................….... 116

7.5.1. Score moyen des structures de cogestion................................... 116
7.5.1.1. Score moyen des CRDRN... 116
7.5.1.2. Score moyen par activité des CVDD et CEGRN........................ 117
7.5.1.3. Score moyen des prestataires..….. 119
7.5.2. Score d'efficacité des structures de cogestion............................. 120
7.6. Raisons d'inefficacité des structures de cogestion.......................... 121
7.6.1. Rapports conflictuels entre forestiers et structures de cogestion, un
handicap pour la pérennisation des acquis du projet PAMF.................... 121
7.6.2. Manque de moyens financiers, une contrainte pour le fonctionnement
des structures de Cogestion... 122
7.7. Facteurs de motivation des comités de reboisement (CVAGRN) pour
l'aménagement des Monts Kouffé pendant la phase active du projet PAMF 123
7.8. Facteurs de motivation des pépiniéristes pour l'aménagement des Monts
Kouffé pendant la phase active du projet PAMF 124
7.9. Facteurs de motivation des Confréries Villageoises des Chasseurs pour
l'aménagement des Monts Kouffé 124
7.10. Forces et limites des structures de cogestion 126

CHAPITRE VIII : DISCUSSION DES RÉSULTATS 132

8.1. Facteurs directs de pression sur les ligneux et caractérisation de la
végétation épargnée dans la série de protection............................. 132
8.2. Caractérisation de la végétation épargnée dans la série de protection... 134
8.2.1. Diversité des espèces épargnées par secteur de la série de protection 134
8.2.2. Spectre de distribution des espèces... 136
8.2.2.1. Types biologiques... 136
8.2.2.2. Types phytogéographiques... 137
8.3. Perception des groupes socioprofessionnels sur les facteurs de dégradation 138
des ligneux de la série de Protection...
8.4. Efficacité des structures de cogestion chargées de réaliser les activités
contenues dans le PAP... 142
8.4.1. Facteurs de motivation des prestataires pour l'aménagement de la forêt
classée des Monts Kouffé... 145

Conclusion partielle.. 146
CONCLUSION GÉNÉRALE.. 147
Références bibliographiques ....…................ 151
ANNEXES..…....................... 167
Liste des planches 187
Liste des photos ....…................ 187
Liste des figures... 189
Liste des tableaux 190
Liste des encadrés.. 190
Table des matières.. 191

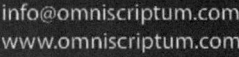

Printed by Books on Demand GmbH, Norderstedt / Germany